瞬时涡量守恒离散涡方法理论研究和应用

Research on the Discrete Vortex Method Based on Instantaneous Vorticity Conservation and Its Application

庞建华 著

科学出版社

北京

内 容 简 介

本书在总结经典离散涡方法的基础上，提出瞬时涡量守恒的离散涡方法，并将该方法应用到双圆柱绕流和深海立管涡激振动的研究中，论证该方法的精确性和可靠性，探索深海单立管和多立管涡激振动的特性。本书主要内容分为三部分：一是瞬时涡量守恒离散涡方法，研究经典离散涡方法，论述其存在的不足，提出瞬时涡量守恒的涡方法。二是双圆柱绕流的机理，将瞬时涡量守恒涡方法与双圆柱的结构特点结合，构建双圆柱绕流的数值计算模型，分析相关的物理现象及其演化过程。三是深海立管涡激振动，将该方法与单立管和双立管的结构特点结合，构建立管涡激振动的模型，研究立管涡激振动特性。

本书可作为船舶、航天、海洋、水利、能源及其他与流体力学相关专业的研究生、教师、科研工作者及工程设计者的参考书。

图书在版编目(CIP)数据

瞬时涡量守恒离散涡方法理论研究和应用 = Research on the Discrete Vortex Method Based on Instantaneous Vorticity Conservation and Its Application / 庞建华著.—北京：科学出版社，2017

ISBN 978-7-03-055407-9

Ⅰ. ①瞬… Ⅱ. ①庞… Ⅲ. ①涡旋(气象) – 海洋气象 – 研究
Ⅳ. ①P714

中国版本图书馆CIP数据核字(2017)第279844号

责任编辑：吴凡洁 焦惠丛 / 责任校对：桂伟利
责任印制：张 伟 / 封面设计：铭轩堂

科 学 出 版 社 出版
北京东黄城根北街16号
邮政编码：100717
http://www.sciencep.com

北京中石油彩色印刷有限责任公司 印刷

科学出版社发行 各地新华书店经销

*

2017年12月第 一 版 开本：720 × 1000 1/16
2019年 3 月第三次印刷 印张：10 1/2
字数：251 000

定价：88.00 元

(如有印装质量问题，我社负责调换)

前　言

随着陆地油气资源的紧缺，油气开发已经进入深海。立管成为海洋油气开发的关键设备之一，它连接海面浮式平台和海底井口，起到钻探、开采、运输油气的作用。海流作用在立管上，会诱发立管产生涡激振动，导致立管疲劳损伤，引发不安全事故。因此，立管涡激振动现象受到科学界和工程界广泛关注。

在海流的作用下，立管这类结构物两侧会出现交替的泄涡，导致结构物周期性振动，该振动在学术上被称为涡激振动。涡激振动是一门多学科交叉并且非常专门化的课题，其中涉及流体力学、结构动力学和声学等，该现象广泛地存在于海洋工程实际中，传统上有多种研究模型。其中，尾流振子模型能够呈现涡激振动的非线性特性，然而因其采用了大量的经验参数，直接影响计算精度，同时该模型本身的假设对计算精度的影响也需要进一步深入研究。尽管计算流体力学日新月异，解决实际工程问题的能力愈来愈强，然而，在海洋工程这一领域，低雷诺数下涡激振动的数值仿真还依然存在困难，特别是若采用较广泛的有网格数值计算方法，其计算量非常大，计算效率较低，难以模拟出许多真实的涡激振动现象。但在实际工程中，雷诺数一般都处于临界和超临界范围内，这种高雷诺数下涡激振动的模拟，更为困难。本书涉及的涡方法，以其独特的计算优势，已经被广泛地应用到航空工程及船舶与海洋工程中，受到工程界和科学界的关注。该方法还在不断地发展完善，主要表现在其计算精度的提高和使用范围的拓展。

另一方面，在海洋工程中多管道共同处于同一海洋环境的现象普遍存在。而双圆柱绕流是多管道中最基础的模式，因此研究双圆柱绕流对管道的设计有重要的指导意义。众所周知，由于尾流之间强烈的相互作用，多圆柱的绕流特征更为复杂，完全不同于一个单圆柱的绕流特征，因此双圆柱绕流成为目前研究的一个热点。由于有网格方法能较好地模拟低雷诺数下的双圆柱绕流，低雷诺数的多圆柱绕流研究已经得到广泛研究。相较之下，高雷诺数的多圆柱绕流对数值计算方法有更高的要求，数值计算难以实现实验中出现的一些现象，因此针对高雷诺数的多圆柱绕流问题，精确的数值计算模型最受关注。

本书主要内容分为相关联的三个部分。一是在黏性流体理论的框架内，提出了瞬时涡量守恒的涡方法，并应用该方法探索双圆柱绕流及三维立管涡激振动，针对涡元穿透圆柱边界进入其内部的问题，首次提出瞬时涡量守恒的处理方案。二是结合双圆柱结构特点，提出针对双圆柱绕流的瞬时涡量守恒的处理方案，以此建立双圆柱绕流的数值计算模型，并利用间隙流偏转方向与双圆柱间隙中间点诱导速度的方向同步的特性，提出识别宽尾流和窄尾流的新方法。三是结合有限体积方法，引入动刚度矩阵，建立单立管和双立管静态平衡和动态响应的数值计算方法。书中涉及的所有数值方法，都是通过 Fortran 编写代码来实现，采用 Tecplot 平台进行后处理仿真。为了增强对瞬时涡量守恒离散涡方法的理解、立管绕流和立管涡激振动特征的阐述，书中给出了较多的算例和图表，以便读者深入地分析和研究。

作者长期从事海洋工程涡激振动方面的研究，一直专注数值方法自身的鲁棒性和计算结果精度对深海装备水动力学的影响。本书综合了作者近些年来在数值方法理论和应用方面的研究工作，其内容主要是作者本人所发表的科技论文和博士学位论文。

作者感谢郑向远教授、宗智教授、祝宝山教授、孙丽萍教授、黄一教授、邹丽教授、*European Journal of Mechanics - B/Fluids* 主编 Dias 教授及西澳大学的 An 教授，特别是吴有生院士，他们为本书提出了许多宝贵的意见。

限于作者水平，书中难免存在疏漏和不当之处，敬请读者批评指正。

庞建华

2017 年 8 月 18 日于清华园

目　　录

第1章 绪　　论

1.1 离散涡方法

近十年，由于钝体绕流的特征对工程设备的设计和制造有指导意义[1]，精确地进行钝体绕流的数值计算倍受学术界和工程界的关注。目前研究钝体绕流的方法分为网格法和无网格法。网格法主要包括有限差分法和有限元法。研究表明，采用网格法建立的钝体绕流计算模型，在低雷诺数下与实验结果吻合地较好。在高雷诺数下，紊流的发展和剪切层的变薄，需要新的紊流模型和更细的网格，导致网格法的计算量大，同时数值误差的累积，导致计算精度较低。

漩涡的运动是流体中最普遍存在的一种运动形式，它一直是流体力学理论和工程应用研究中最具挑战性的领域之一。控制涡运动的 Navier-Stokes（N-S）方程具有高度非线性的特性，很难获得解析解，绝大多数情况下只能借助数值求解。作为无网格方法之一的离散涡方法有其独特的优点[2]：第一，只需对剪切层和较少部分的涡量场进行离散；第二，高雷诺数下不需要湍流模型，即适合高雷诺数计算；第三，计算效率较高；第四，能直观地描述流体质点的运动。因此，近几年涡方法越来越受到人们的重视，从理论到应用都获得了广泛地发展。它已成为计算流体力学中的一种重要数值计算方法。随着海洋工程的发展，海洋装备对数值计算方法提出了更高的要求，涡方法的计算模型需要不断地完善，计算精度也需要不断地提高。

离散涡方法是将局部有旋的区域中连续分布的涡量用有限个涡元来代替，通过计算涡元之间的相互作用来实现对整个流场的数值模拟。通过对一般的 N-S 方程求旋，获得含有涡量的传输方程。求解涡量方程，获得每一个涡元的涡量，通过涡元与涡元之间的相互诱导完成对流场的模拟。该方法是一种典型的纯拉格朗日数值计算方法。

1936 年，Rosenhead[3]采用具有椭圆环量的涡量分布模拟二维圆柱尾流的卷起过程，这是首次采用点涡法研究在无界流域中涡元的运动。由于经典的核函数有奇异性，两个涡核较近的点涡会诱导出极大的速度，这会导致计算结果不收敛于涡方法的控制方程。为了得到方程的收敛性，提出了各种光滑粒子的计算方法。1973 年，Chorin[4]采用一定直径大小的涡元来代替传统意义上的点涡，利用非奇异化消去核函数的奇异性。涡元的涡量分布函数称为形函数，形函数具有迅速衰减的特征，使得涡量高度集中在涡元覆盖的区域。形函数有多种不同的形式，二维的涡方法中形函数分布的形式主要有倒数函数分布、高斯分布和均匀分布。选取形函数的形式对离散化精度有较大的影响。Chorin 和 Berard[5]对形函数的重要性和精确性进行了比较和分析，特别对涡方法计算的稳定性进行了详细的分析。Beale 和 Majda[6]详细地讨论了不同的形函数的计算精度以及初始涡量场和涡元的排量对计算精度的影响。涡元的形状分为椭圆形和圆形，大多数研究工作者采用圆形，也有在计算边界上的涡元时采用椭圆形，但这对精度的影响比较微弱。Marchioro 等[7]认为要使涡方法收敛于 N-S 方程，具有合适的初始涡元直径和涡量分布函数是必要条件。2000 年，Mustto 等[8, 9]提出了一种新的离散涡方法，2001 年，对该方法进行了改进，用于单圆柱绕流的研究。2003 年，Vanessa 等[10]基于 Mustto 的方法增加了质量守恒方程。

由于对流和扩散的作用，边界附近的部分涡元会进入圆柱内，这与实际的圆柱绕流不一致。为了保证柱体内部无涡元，到目前为止，离散涡方法中有两种处理方式。在离散涡方法提出的初期，采用反弹法[4]处理边界上的涡元，即在一个时间步内，涡元运动到圆柱表面，直接从柱体表面反弹回流场中，这就避免涡元进入柱体内部。随着离散方法的不断改进，出现了另一种处理方式：直接将进入柱体内部的涡元消去，丢失的涡量在下一个时间步获得补偿[8,9]，即将丢失的涡量参与下一步新生涡元涡量的计算。前一种处理方法，是一个经验性的处理方法，导致了计算量的增大，其计算精度较低，因此逐渐被弃用。后一种处理方式，由于涡元被消去，减少了参与计算的涡元数目，提高了计算效率，这种方法被后来的科研工作者广泛采用。

早期的涡方法仅对不可压缩的理想流体进行计算，Leonard[11]、Sarpkaya[12]和 Spalart 等[13]分别研究了不可压缩的黏性流体，根据算子分裂法，一般分为两部分，一部分是对流项，另一部分为扩散项。其中对流项代表理想流体的流动，而扩散项代表黏性流体。求解黏性项的方法分为随机涡方法和确定涡方法。第一类为随机涡方法，Chorin[4]采用随机走步的方法近似黏性项。涡的扩散通过随机走步的方法进行模拟，在整个模拟过程中涡元强度是一常量。随机涡的概念和实施相对较简单，但要获得较高的精度需要大量的涡元，这势必增加计算量，同时扩散的随机性导致分布在固体表面的压力产生随机脉动，导致流体压力的计算精度不高。第二类为确定涡方法，涡元之间的黏性扩散可通过不断变化的涡元强度来近似。确定性的涡方法最先由 Cottet 等[14]提出。确定性涡方法主要包括涡核扩散法、粒子强度交换法、扩散速度法、涡量重分布法、格林函数积分法、形函数求导法和格子涡方法等。涡核扩散法由 Leonard 等[11]首次提出，即通过改变每一个涡元的半径来满足涡元的黏性扩散。然而涡核半径会随着时间的增长而增大。如果不控制涡元半径的增长速度，模拟的数值解将无法收敛于 N-S 方程。Greengard 和 Rokhlin[15]证明了这个结论。因此，需要寻找一种分离涡核半径的处理机制。Rossi[16]

提出了限制涡核半径增大的最大值，一旦增长后的涡核半径大于这个值，该涡元就分裂成多个子涡元，子涡元均匀地分布在以未分裂前的中心位置为圆心的圆上。显然涡元的数目将会以指数方式增长，所以这种方法只适合模拟低雷诺数流体的运动。祝宝山等[17-19]开发了移动绕流的拉格朗日涡方法。该方法通过自适应网格的分离和融合模拟出流体的黏性扩散，并以拉格朗日方式描述了涡量场的变化。Huang[20]从涡量分裂的实际物理意义出发，他们认为是黏滞力的作用才有涡量的扩散，因此涡元的分裂也必须满足这个特点。母涡元将一半的环量均匀地分配给子涡元，经过一系列的分裂后，涡元的数目迅速地增加，环量越来越小，计算量迅速增加，因而计算效率非常低。Rossi[16]提出了涡元融合方法，将多个涡量小的涡元融合为一个更大的涡元，融合前后满足涡量守恒与一阶涡矩和二阶涡矩守恒。通过分裂和融合，模拟的数值解能收敛于N-S方程。该方法能在高分辨率的情况下，长时间地模拟高雷诺数的复杂几何体绕流运动。相比于随机涡方法，计算精度得到较大地提高。由于对流项的数值误差，该方法具有收敛率低和计算精度具有二阶精度的特点。

Degond 和 Mas-Gallic[21]提出了粒子强度交换法，用积分算子代替拉普拉斯算子为其核心准则。假定涡量的特征分布函数满足某一力矩特性，获得离散形式的粒子强度扩散方程，由此获得每一个粒子的环量变化率，从而实现对流体黏性的模拟。在拉格朗日框架下，随着时间增长，涡元之间会相互重叠，这样会导致计算精度降低，也使得计算结果不收敛于 N-S 方程。为此，在计算域中均匀地分布网格，这样可以确定涡元的位置所在的网格，同时网格中的涡元数目也能被识别。当某一个网格中的涡元数达到一定值时，涡元之间可能重叠太多，这时则采用重新分配方法，将网格中涡元数目多的重新分布到网格中涡元数目较少的网格中，保持该网格有良好的覆盖。为了避免涡量在某局部聚集过高，导致涡量云图高度扭曲，需要将涡量的位置重新分布，得到一个有效的涡量云图。涡量守恒和涡量的一阶矩、二阶矩以及三阶矩守恒，一般采用 Fourier 内插核变换得以满足。粒子强度交换法中存在涡元粒子强度交换网格和新生边界涡量扩散网格。粒子强度交换法已经用于许多高分辨率的流体研究，Koumoutsakos 和 Leonard[22]、Leonard 等[23]、Ploumhans 和 Winckelmans[24]采用对固体表面附近的粒子进行强度交换，计算结果显示这种方法对钝体绕流具有较高的分辨率。2002 年，Ploumhans 等[25]将该方法延展到三维钝体绕流。

近年来，由于实际工程计算的需求，涡方法受到广泛的关注。人们提出了许多改善计算精度的有效措施，并取得了较好的结果[26-32]。这说明涡方法具有极大的研究和使用价值。图 1.1 为离散涡方法在工程实际中的应用[33,34]。

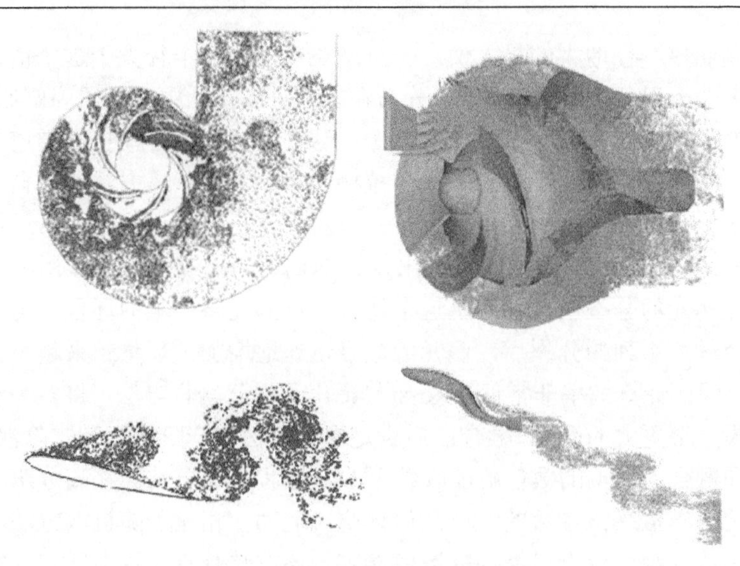

图 1.1 离散涡方法的应用[33, 34]

基于流函数的涡方法是一种纯拉格朗日的涡方法。基于流函数边界积分[3]的涡方法已经被广泛运用于二维钝体绕流的模拟中，Liang 等[35]、Afungchui 等[36]、Huang 等[37]、Fu 和 Qin[38]、Sun 等[39]、Chen 等[40]、Taylor 和 Vezza[41]、Larsen 等[42]、Yamamoto 等[43]分别采用了这种方法对单圆柱绕流进行了数值研究。金鑫等[44]进行了三角翼周围非定常流动的三维涡方法数值模拟，黄熙龙和王嘉松[45]采用离散涡方法对圆柱绕流以及隔水管附属管控制流动进行模拟研究，黄远东和吴文权[46]采用离散涡方法对液固两相圆柱绕流尾迹内颗粒扩散分布进行了数值研究。根据现有的文献，其他的基于拉格朗日的涡方法已经得到了深入研究。Mustto 等[8]利用镜像法建立了一种新的计算模型，同时在其涡方法中引入了边界层理论，提高了离散涡方法的计算精度。Guedes 等[47]基于 Mustto 等[8]的方法引入质量守恒，尝试提高其计算精度。Huang 等[48,49]利用一种快速涡核扩散法改进了基于涡片法的离散涡方法的精度。Rasmussen 等[50]提出了一种新的涡方法。基于流函数的涡方法相对于其他的涡方法，具有模型简单、计算效率高的特征，因此在目前的海洋工程应用中具有重要意义，但其计算精度还有待提高，其计算范围也有待拓展。

因此，本书基于经典离散涡方法原理，尝试研究基于流函数的涡方法，并希望达到提高其计算精度、拓展其应用范围的目的。在探讨圆柱绕流过程中，我们发现了一个非常重要的细节，就是如何处理进入圆柱内的涡元。在目前广泛采用的离散涡方法中，穿透圆柱表面的涡元通常被直接消除，丢失的涡量在下一个时间步长获得补偿。这样保证了在整个时间步上所有的涡强度的总和等于零。然而，在每个时间步长的总涡强度是不为零的，即瞬时涡量不守恒；同时，圆柱圆周上的流线性也得不到满足；丢失的涡量参与下一时间步的计算，导致了数值计算误差的积累，这样势必降低离散涡方法的计算精度。

综上所述，离散涡方法有广泛的研究价值。尽管该方法已经得到了极大的发展和改进，但随着海洋工程的发展，对其将会有更高精度的要求。在本书中，采用一个新方案来处理进入圆柱的涡元。当涡元进入圆柱内后，通过圆周定理和镜像法[51]引入新的涡元来抵消圆柱内的涡元，这样既保证了圆柱内部涡量为零，同时也保证了瞬时涡量的守恒和总的涡量守恒。为了验证这种方法，我们在不同的雷诺数下进行二维、不可压缩、非定常流动的圆柱绕流模拟。通过在圆柱的表面上分布有限个涡元来满足无滑移条件，采用亚当斯 Bashforth 方法计算涡的对流项，通过随机行走的方法计算涡的扩散。经过对计算结果与实验结果的比较，验证了新的涡方法的收敛性和可靠性。我们称这种方法为满足边界条件的瞬时涡量守恒法，即 IVCBC(instantaneous vorticity conserved boundary condition)涡方法。

1.2 双圆柱绕流

在海洋工程中，多管道共同处于同一海洋环境的现象普遍存在，而双圆柱绕流是多管道中最基础的模式，因此研究双圆柱绕流对管道的设计有重要的指导意义。众所周知，由于尾流之间强烈的相互作用，多圆柱的绕流特征完全不同于一个单圆柱的绕流特征。因此双圆柱绕流成为目前研究的一个热点。有网格方法能较好地模拟低雷诺数下的双圆柱绕流，因此，低雷诺数的多圆柱绕流研究已经得到广泛地研究。

众所周知，影响流体特性的两个主要参数分别是雷诺数和间距比(两个圆柱中心之间的距离)。Zdravkovich 和 Pridden[52]根据间距比对尾流的影响，通常将并联双圆柱绕流分为三个主要的流态区域：单钝体模态区域($1<T/D<1.1\sim1.2$)；非对称的模态区域($1.1\sim1.2<T/D<2\sim2.2$)和对称模态区域($T/D>2\sim2.5$)(T 表示两个圆柱的圆心之间的距离，D 表示圆柱直径)。在非对称的模态区域内，存在偏置的流动模式(Alam 等[53]、Zhou 等[54]、Xu 等[55])，其最为显著的特点是在两圆柱中间存在一随机摆动的间隙流。当流体从并联双圆柱之间流过时，在两个圆柱之间形成随机摆动的间隙流。间隙流偏向的圆柱，在其附近的尾流的宽度比另一个圆柱的尾流的宽度窄小，其涡的脱落频率较高，阻力系数较大，其尾流称为窄尾流(NW)。另一个圆柱的尾流较宽，涡的脱落频率较低，作用在圆柱上的阻力系数较小，其尾流称为宽尾流(WW)。在实际的实验中区别宽、窄尾流的方式有多种，Alam 等[53]采用圆柱上受到的升力信号来区别宽尾流和窄尾流。郭明旻[56]用其中一个圆柱的背压(圆柱驻点上的瞬时压力)来判断宽窄尾流。Oruç 等[57]通过分流板的偏转方向区别宽尾流和窄尾流。然而在数值模拟中至今还没有一种区别宽、窄尾流的方法。在较高的间距比 $T/D>2\sim2.5$ 的情况下，圆柱中间间隙流偏转方向的随机性不再发生，尾流表现出明显的对称性。随着间距比的增加，尾流逐渐出现对称和同步性，两圆柱上尾流的脱落频率趋于相同。Williamson[58]观察到同步同相位的尾流和同步异相位的尾流，两种尾流的出现依赖于双圆柱之间的间距比和绕流的雷诺数。Alam 等[53]在实验中观察到高雷诺数下同步异相位的尾流在同一尾流中的比重较大。Zhou 等[54]观察到成对出现的冯卡门涡街，它能持续圆柱直径的 20 倍长，这说明了两个圆柱的尾流之间的作用在某一间距比下是比较稳定的。

随着计算流体力学的发展，目前有多种数值计算方法进行了对不同雷诺数和不同间距比下并联双圆柱绕流特征的研究。Ravoux 等[59]采用嵌入数值法研究了在雷诺数为 52.5～55、间隙比为 1.2～3.0 的不稳定尾流的相互作用。Kang[60]采用二维边界浸入法(IBM)探讨了雷诺数范围为 $40<Re<160$、间隙比区间为 $T/D<6$ 的双圆柱绕流的特点。Chen 等[61]采用大涡模拟法(LES)探索了雷诺数为 750 的湍流流体模式。Ryu 等[62]采用有限体积法和多模块网格技术研究了雷诺数为 100 的并联双圆柱的水动力系数特性。Carini 等[63]采用 DNS 方法模拟了雷诺数为 51～70 的双圆柱的绕流，分析研究了相位同步涡流的脱落特点。Thapa 等[64]采用有限法对雷诺数为 500 的并联双圆柱绕流进行了不同攻角的三维特性研究。对于更高雷诺数的研究，Shao 和 Zhang[65]采用大涡模拟法对雷诺数为 5800、间距比为 1.0～6.0 的双圆柱绕流进行了探索。Afgan 等[66]同样采用大涡模拟法对雷诺数为 3000、间距比为 1.25～5.0 的双圆柱绕流进行了研究。Sarvghad-Maghaddam 等[67]采用二维正交网格有限元法对雷诺数为 10000 的并联双圆柱绕流进行了数值模拟，发现了在较高雷诺数下双圆柱绕流的湍流特性。国内也有许多著名的学者进行了双圆柱绕流的研究。王沣浩等[68]进行了高雷诺数下双圆柱绕流诱发振动的数值模拟的研究。于定勇等[69]进行了并列双圆柱绕流的水动力特性研究。陈威霖等[70]进行了并列双圆柱流致振动的不对称振动和对称性迟滞研究。及春宁等[71]研究了串联双圆柱流致振动的数值模拟及其耦合机制。

此外，串联双圆柱绕流特性也得到广泛地探索。Mittal 等[72]研究了雷诺数为 100～10000 串联双圆柱的非定常流动的特点。他们发现串联双圆柱定性的流动特征强烈地依赖于圆柱的间距比和雷诺数的大小。Li 等[73]采用伽辽金速度压力有限元法和粗网格对雷诺数为 100 的串联双圆柱的绕流特性进行了研究。Johnson 等[74]采用基于涡量流函数的彼得洛夫-伽辽金有限元法对低雷诺数下的双圆柱绕流进行了研究。Farrant 等[75]采用分子边界元计算对雷诺数为 200、间距比为 4 的串联双圆柱涡的脱落特点进行了数值研究。Hall 等[76]发现有声驻波对低雷诺数和间隙比为 1.2～1.75 的串联双圆柱尾流有明显的影响。Meneghini 等[77]用分步方法研究了雷诺数为 100～200 的涡流脱落特征，以及涡流和串联圆柱之间的尾流相互干扰的特点。Sharman 等[78]采用同位非结构化的计算流体动力学代码研究了雷诺数为 100 的串联双圆柱，他们发现两圆柱的临界间距比为 3.75～4。他们发现当距离大于临界间距时，在尾流圆柱只有一个触接点和一个分离点，特别是，考虑到一个或两个圆柱自由摆动时，两圆柱体漩涡脱落和下游圆柱的尾迹结构模式会有较大改变。Ding 等[79]采用了基于无网格最小二乘有限差分法，对雷诺数为 100～200、间距比为 T/D=2.2 的串联双圆柱的尾迹进行了研究，并对低雷诺数范围的流场进行了定量的分析。Jian 等[80]对雷诺数为 220 的串联双圆柱的绕流进行了三维数值模拟研究。他们改进了虚拟边界法来满足无滑移条件。如同二维的情况，他们发现临界间距比范围内的三维不稳定性发生在间距比为 $4.5 \leqslant T/D \leqslant 5$ 范围内。这意味着，当间距比小于 3.5 时，尾流保持二维状态；而当间距比 $T/D \geqslant 5$ 时，三维现象将出现。Singha 和 Sinhamahapatra[81]采用一阶隐式有限体积法研究了雷诺数为 40～150 的串联双圆柱层流的绕流特点。他们观察了间距比 T/D=1.2～5、雷诺数为 100 的尾流特点：当 $T/D \leqslant 3$ 时流体保持稳定，当 $T/D \geqslant 4$ 层流变得不稳定，当 $T/D \leqslant 3$ 时，没有明显的旋涡从上游圆柱脱落。

综上所述，先前的研究工作者对并、串联双圆柱绕流进行了广泛地研究，得出了大量对工程应用有实际意义和价值的结论。然而，我们发现以往的研究主要集中在低雷诺数和间隙比较小的范围。对高雷诺数，大间距比的多圆柱的绕流研究得较少，这是因为间距比较小的范围内很难用数值方法区别出宽尾流和窄尾流。据目前查阅文献所知，仅有 Kitagawa 和 Ohta[82]研究了串联双圆柱在雷诺数为 22000，间距比为 2～5 的流动特性。遗憾的是，间距比小于 2 的绕流特性没有涉及，并且没有模拟出尾流中的小涡。因此本书将对较高雷诺数下并串联双圆柱的绕流进行数值模拟，探索其在较高雷诺数下，间距比范围较大的绕流特征。

1.3 立管涡激振动

随着内陆和近海油气的枯竭，油气开采逐渐从内陆转向深海。复杂的海洋环境对开采设备提出了更高的要求，许多新兴的海洋工业装备也应运而生。立管是石油开采中必不可少的关键设备，它连接海面浮式结构物和海底井口，起到钻探、开采、运输石油的作用。由于立管处于恶劣的海洋环境中，在海流的作用下，立管会产生一种特殊现象——涡激振动现象，当其泄涡频率接近立管固有频率时，通常会产生较大的振幅，这将导致灾难性的事故频发。因此涡激振动现象一直受到科学界和工程界的广泛关注。

由于海洋开发的大力发展，多立管已经广泛应用到实际的生产中，如图 1.2 所示。立管超长的长细比，显示出它极其脆弱的特性。在海流作用下，由于立管之间的相互作用，导致多立管的涡激振动更为复杂。同时，立管的研究涉及诸多学科，包括流体力学、结构动力学和声学等，使得对立管的研究变得更为复杂。据目前的文献资料记载，立管的设计和安装还没有一套极其完善的规范，同时，也没有系统的科学理论能清晰地解释立管涡激振动的特性。

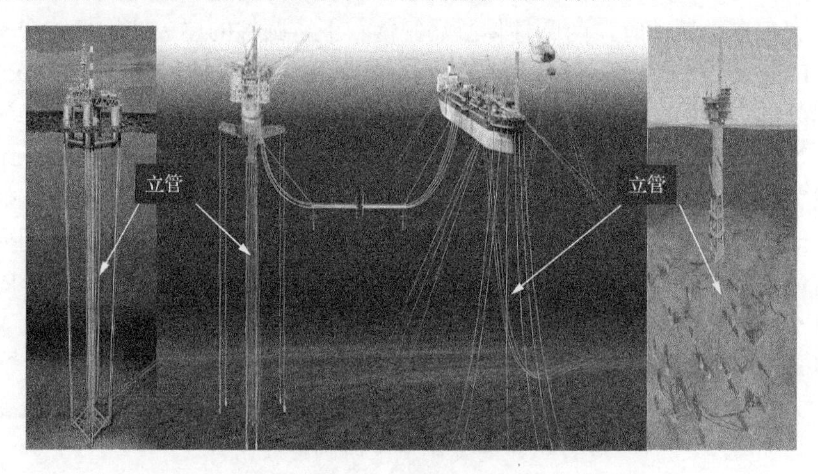

图 1.2 深海多立管

由于油气开采逐渐从内陆向深海转移，深海立管成为海洋油气开发中重要的工程设备。在恶劣的海洋环境中，立管做非线性运动，诱发海流和立管之间的相互耦合，产生特殊的涡激振动现象，这导致立管产生许多特有的性质。比如，当流体的泄涡频率接近立管的固有频率时，泄涡频率会被立管的固有频率控制，立管的振动显著增加，相位角也发生偏移。又如，当海流速度逐渐减弱，立管振动与泄涡的锁定范围不会按照速度逐渐增大的锁定路线返回，而是小于先前的速度发生锁定现象。如果这些现象在较大的范围内持续发生，会导致立管疲劳损伤，缩短其使用寿命，甚至发生严重的管道裂纹(图 1.3)。然而，这些特有现象的形成

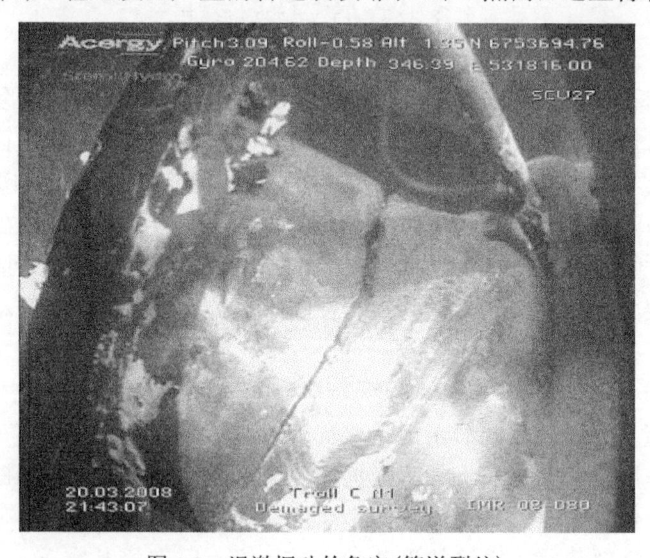

图 1.3 涡激振动的危害(管道裂纹)

机理到目前为止还未能给出科学的解释，这一直困扰着学术界和工程界。目前深海立管计算分析的工具大多都是经验和半经验软件，很多特定的现象不能再现，对立管振动机理的分析缺乏可靠的依据，难以给出令人信服的解释。基于以上原因，形成一套可靠的计算分析软件是目前海洋立管设计中急切需要解决的问题。

早期的海洋钻井平台大多是单个立管。随着海洋开发力度的增加，海洋钻井平台不断地升级。多立管的海洋平台成为目前海洋开发的主流。众所周知，在低雷诺数下，双圆柱的绕流特性与单圆柱的绕流特性有极大的区别。而实际海洋立管工作环境中，雷诺数大多在临界或超临界范围内。可以预测，在高雷诺数下，由于两个立管尾流的相互作用，也会导致其振动特性极大的区别于单立管。目前对深海立管和多立管的振动特点、尾流特征、立管疲劳损伤以及可靠性的研究还处于初期，涉及多立管的研究也处于刚刚开始的阶段。因此掌握单立管和多立管的涡激振动特征，获得其流体力特性是目前迫切需要解决的问题，尤其对抑制立管振动，延长立管寿命，提高其可靠性，预防安全事故具有重要的工程意义。

在海流的作用下，结构物两侧会出现交替的泄涡，导致结构物周期性地振动，该振动称为涡激振动。涡激振动是一门多学科交叉并且非常专门化的课题[83,84]，其中涉及流体力学、结构动力学、和声学等等。涡激振动广泛存在于海洋设备的生产中。Allen[85]、Vandiver[86]总结性地阐述了结构物的涡激振动现象，同时给出了平台试验和理论研究的发展方向，并讨论了存在的主要困难。Govardhan、Sarpkaya 和 Williamson 分别对涡激振动的机理、结构的响应、流体动力的数值计算模型等做出了全面的论述，然而对于部分机理性问题的理解还存在不同的意见[87-89]。目前，尾流振子模型、数值方法和实验方法是研究立管涡激振动的主要方法。

Facchinetti 等[90]系统地叙述了近 30 年来尾流振子模型和实验研究的发展和变化，同时深入地阐述了非均匀流中弹性圆柱涡激振动的特性，并基于 van de Pol 方程，改进了尾流振子模型。尾流振子模型是由 Birkhoff[91]首先提出的，即视尾流为一个非线性振子的数值模型。其数学表达式最早由 Hartlen 和 Currie[92]给出，采用 van de Pol 方程近似升力系数的控制方程，联合结构物的振动方程获得尾流振子的解。Iwan 和 Blevins[93]由动量方程推导出了另一个尾流振子模型的方程，类似于 Hartlen 和 Currie 的尾流振子模型的方程，建立了由弹性支撑的二维圆柱体的尾流振子模型。Iwan[94]对此模型进行了研究，将涡激振动响应的预测拓展到非均匀流。Kim 和 Perkins[95]提出在柔性结构上连续分布尾流振子的方案，分析了尾流振子的相互作用，讨论了静止结构和柔性结构在均匀流和剪切流作用下旋涡的三维特性。在国内，董艳秋[96]采用多项伽辽金方法，结合中心涡激振动和流体阻尼计算了张力腿的动力响应。唐国强等[97]进行了大长细比柔性杆件涡激振动实验。唐友刚等[98,99]做了涡激振动和耦合振动的响应分析。郭海燕等[100-102]探索了固定式平台上的弹性立管在波、浪、流及管内流体共同作用下立管的涡激振动响应。

目前在国内，借助于计算机计算技术对涡激振动问题进行研究的较少。周巍伟[83]和林海花[103]采用了 Fluent 分别对立管的疲劳损伤和隔水管不同螺旋形状的水动力特性进行了分析。上海交大的潘志远等[104]也采用 Fluent 研究了二维圆柱绕流的涡激振型。一些其他学者[105, 106]利用 Fluent 软件和莫里森经验公式，结合结构 ABAQUS、ANSYS 等分析软件分析了立管的涡激振动现象。黄智勇等[107]研究了两自由度和低质量比的圆柱涡激振动。陈伟[108]、董婧[109]采用离散涡方法研究了在均匀流和剪切流作用下的立管涡激振动特性。黄维平等[110,111]结合大柔性圆柱体的结构特征，建立了涡激振动非线性时域模型。

对于立管实验的研究，Lie 等[112]进行了剪切流作用下立管的涡激振动的实验。Feng[113]做了涡激振动的风洞实验。Stappenbelt 等[114]通过实验研究了二维圆柱在低质量比下的涡激振动特征。Sarpkaya[115]与 Carberry[116]通过实验归纳比较了受迫振动特性，阐述了雷诺数对涡激振动的影响。Vandiver 等[117-120]用长立管模型实验结果来检测和校对 SHEAR7 预报模型。Hong 等[121]通过实验研究了长为 6m 的均匀柱体及梯状变化的柱体涡激振动的特性。Williamson 等[122-130]的一系列的实验表明，在低质量比下，涡激振动的锁定范围完全不同于高质量比的特点。Chaplin 等[131]近期进行了临界区域不产生涡激振动的实验。在国内，张建侨等[132]通过实验研究了不同质量比下柔性立管涡激振动的响应特点。娄敏[133]等通过实验主要研究了立管管内流体产生的动力响应。秦伟[134]做了双自由度涡激振动的涡强尾流振子模型研究。

然而多立管的研究仅仅在挪威深水计划(Norwegian Deepwater Program)中进行了现场实验，并对三根钻探立管进行涡激振动的测量[135]。

综上所述，立管的涡激振动可以通过多种方式进行研究。尾流振子模型能够表现涡激振动的非线性特性，并能预报量级大体相当的响应，然而尾流振子模型融入了大量的经验参数，直接影响了计算精度，同时模型本身的假设对计算精度的影响也需要进一步研究。尽管计算流体力学得到了快速发展，增强了解决实际工程问题的能力，然而，在海洋工程这一领域，低雷诺数下涡激振动的数值仿真还存在困难，特别是采用有网格的数值计算方法，它的计算量非常大，计算效率相对较低，难以模拟出许多真实的涡激振动现象。在实际工程中，雷诺数一般都处于临界和超临界范围内，这种高雷诺数下涡激振动的模拟，显得更困难。因此本书将重点研究通过数值研究建立较高雷诺数下单、双立管的涡激振动的数值方法。

研究深海单立管和双立管的静态平衡和动态响应有着重要的工程意义，可以进一步揭示高雷诺数下立管涡激振动的机理，分析立管振动的特征。尽管国内外对立管进行了研究，然而对大雷诺数、超长径比多立管的研究甚少。本书在非压缩黏性流理论的框架内，首先针对离散涡方法的计算精度低、计算范围小的特点，对进入圆柱内部涡元的处理方案进行了改进，提出了IVCBC涡方法；针对双圆周对点涡的影响，结合保角变换，提出处理点涡进入圆周内的处理方法，获得了速度场的计算公式中圆柱外点涡的个数对双圆周表面压力的影响非常少这一结论，因此，为了减少计算量，采用IVCBC涡方法对双圆柱绕流进行了研究和分析；最后采用IVCBC涡方法，结合有限体积法和引入动刚度矩阵分别建立了深海单立管和双立管的静态平衡和动态响应的研究方法。本书中涉及的所有数值计算方法和结构的建模都是由Fortran编写代码，来获得数值方法的计算程序，并通过Tecplot Focus 2009进行数值计算结果的后处理。本书所涉及的高雷诺数范围为$1\times10^4\sim1\times10^5$，这是相对有网格方法能计算的低雷诺数范围$1\sim2\times10^2$。为了形象地描述本书的思路，图1.4中给出了全文的研究方法的技术路线图。全文共分三部分：

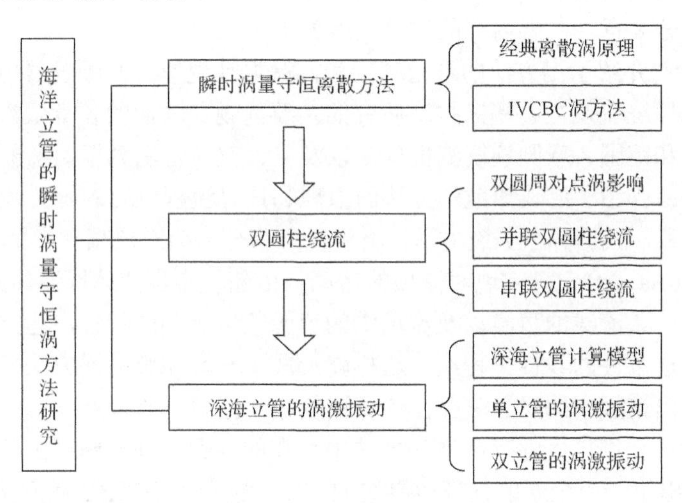

图1.4 研究方法路线图

第一部分(包括第2、3章)利用圆周定理，对经典离散涡方法中涡元穿透边界的处理方案进行了改进，提出IVCBC涡方法。借助圆周定理，保证了柱体内涡量为零，同时，确保了瞬时涡量守恒和圆柱表面的数值流线性。与实验结果进行比较表明：IVCBC涡方法的计算精度相对经典涡方法得到极大提高，同时也拓展了计算范围。

第二部分(包括第4、5章)针对双圆周对点涡的影响，结合保角变换，提出处理点涡进入圆周内的处理方法，得出了速度场的计算公式中圆柱外点涡的个数对双圆周表面压力的影响非常小这一结论。为了减少计算量，采用IVCBC涡方法对并联和串联圆柱绕流进行了高雷诺数下的绕流研究，提出一种区分宽尾流和窄尾流的新方法；分析了尾流的流体模式以及表面压力、升力、阻力和Strouhal数的特征；并进行了频域分析。研究发现，识别宽尾流和窄尾流的新方法能较好地区别出宽尾流和窄尾流；在并联双圆绕流中，存在一个介于宽尾流和窄尾流之间的中间频率；同时也发现了五种尾流模式。在串联的双圆柱中也清晰地模拟出其他数值方法难以模拟出的小涡。

第三部分(包括第6～8章)针对深海立管目前面临的问题，引入动刚度矩阵，结合有限体积法和IVCBC涡方法，建立深海立管静态平衡和动态响应的三维数值计算模型。分别研究了单立管和双立管的振型、尾流模态，并分析了锁定现象。研究发现，该数值模型具有较高的可靠性和有效性。对于较高雷诺数下的单、双立管涡激振动，其泄涡频率明显增加，同时出现多频泄涡等现象，导致立管出现多频"锁定"的涡激振动现象。立管振动响应频率不仅包含有主频振动，还有次频振动，同时立管不同横截面处振动响应的频率也不相同，导致立管出现非对称的复杂弯曲变形，引起多种高阶模态振动共存现象。

全书共分8章，主要内容的安排大致如下：

第1章：介绍了涡方法的理论基础和涡激振动现象，回顾发展历程，概述涡方法、双圆柱绕流及立管涡激振动研究的主要问题。随后的各章依次讲述涡方法的计算精度和范围、双圆柱绕流机理，以及单、双立管涡激振动现象的特性。

第2章：介绍了经典离散涡方法的原理和计算流程。对N-S方程求旋，获得涡量控制方程。根据算子分裂方法，将涡量方程分裂为对流项和扩散项。由毕奥-萨伐尔(Biot-Savart)定理实现对流项的运动；由随机走步法体现流体的黏性影响。根据物面为一条流线的事实以及流场中的流函数可叠加的特性，建立满足物面无滑移和无穿透条件的线性方程组。这样就形成了一套完整的涡方法理论和数值流程。同时指出该版本的涡方法存在计算精度低、范围小的特点。

第3章：详细地阐述了离散涡方法中存在的问题。基于圆周定理对该方法进行改进，提出了一个全新的处理边界涡的方案，建立了IVCBC涡方法。该方案既满足了总的涡量守恒，也满足了瞬时涡量守恒，同时能保证圆周表面的流线性，完善了离散涡方法，提高了离散涡方法的精度。并通过对不同雷诺数下单圆柱绕流计算结果和实验结果进行比较，证明了引入新方案的IVCBC涡方法具有收敛性和可靠性，并拓展了该方法的计算范围。

第4章：结合并联双圆柱的结构特点，针对双圆周对点涡的影响，结合保角变换，提出处理点涡进入圆周内的处理方法，获得了速度场的计算公式中圆柱外点涡的个数对双圆周表面压力的影响非常少这一结论。为了减少计算量，采用IVCBC涡方法对并联和串联圆柱绕流进行了高雷诺数下的绕流研究。首次提出了一种区别宽尾流和窄尾流的新方法。分析研究了雷诺数为Re=55000时的双圆柱绕流的尾流模式、表面压力系数、升力系数、阻力系数和雷诺数，并进行了频域分析。

第5章：结合串联双圆柱的结构特点，也采用IVCBC涡方法建立了高雷诺数下串联双圆柱绕流的数值计算模型，计算和分析了雷诺数为 Re=25000 时的串联双圆柱绕流的尾流模式、表面压力系数、升力系数、阻力系数和 Strouhal 数，阐述了串联双圆柱绕流特征发生突变的原因。

第 6 章：采用有限体积法，建立了单立管大挠度的计算模型，确立了单元节点之间的应变关系，进而获得有限体单元在任意时刻的动能和应变能。依据最小作用量原理，推得立管振动的离散方程。根据有限体应变能的函数关系，推导出单元节点的内力矢量和切线刚度矩阵。根据势能驻值原理，推导出立管静平衡的控制方程，确定了收敛准则和迭代求解的步骤。采用 Newton-Raphson[136]迭代方法，求解立管非线性静态平衡方程，获得在来流冲击力和自重作用下，立管达到平衡状态时的总切向刚度和位移。

第 7 章：采用 IVCBC 涡方法模拟方法，结合有限体积方法，引入动刚度矩阵，针对立管长细比较大的特点，建立深海立管涡激振动的数值计算模型。讨论和分析了立管耦合前和耦合后的振动特性、尾流模式和频域特征。

第 8 章：结合并联双圆柱绕流的数值计算模型与有限体积方法，采用 IVCBC 涡模拟方法引入动刚度矩阵，建立并联双立管的涡激振动数值计算模型，分析了固定间距的双立管的振动特征、尾流模式和流体力的特征。

参 考 文 献

[1] 苏斌，冯连勇，王思聪，等. 世界海洋石油工业现状和发展趋势[J]. 中国石油企业, 2006, 1: 138-141.

[2] Sarpkaya T. A critical review of the intrinsic nature of vortex-induced vibrations[J]. Journal of Fluids and Structures, 2004, 19(4): 389-447.

[3] Rosenhead L. The formation of vortices from a surface of discontinuity[J]. Proceedings of the Royal Society of London. Series A, Containing Papers of a Mathematical and Physical Character, 1931, 134(823): 170-192.

[4] Chorin A J. Numerical study of slightly viscous flow[J]. Journal of Fluid Mechanics, 1973, 57(4): 785-796.

[5] Chorin A J, Benard P S. Discretization of a hydrodynamic by the method of point vortices[J]. Journal of Computational Physics, 1973, 13: 423-429.

[6] Beale J T, Majda A. Rates of convergence for viscous splitting of the Navier-Stokes equations[J]. Mathematics of Computation, 1981, 37(156): 243-259.

[7] Marchioro C, Pulvirenti M. Vortex methods in two-dimensional fluid dynamics[J]. Lecture Notes in Physics, 1984, 203: 1-137.

[8] Mustto A A, R. Bodstein G C, Hirata M H. Vortex method simulation of the flow around a circular cylinder[J]. AIAA Journal, 2000, 38(6): 1100-1102.

[9] Mustto A A, Bodsteint G C R. Improved vortex method for the simulation of the flow around circular cylinders[J]. AIAA, 2001: A01-31110.

[10] Vanessa G G, Gustavo C R B, Miguel H H. Comparative analysis of vortex method simulations of the flow a around circular cylinder using a source panel method and the circle theorem[C]//17th International Congress Mechanical Engineering, San Paulo, 2003, 4:10-14.

[11] Leonard A. Vortex methods for flow simulation[J]. Journal of Computational Physics, 1980, 37(3): 289-335.

[12] Sarpkaya T. Computational methods with vortices—the 1988 Freeman scholar lecture[J]. Journal of Fluids Engineering, 1989, 111(1): 5-52.

[13] Spalart P R, Leonard A. Computation of separated flows by a vortex-tracing algorithm[J]. 14th Fluid and Plasma Dynamics Conference, Pulo Alto, 1981.

[14] Cottet G H, Mas G S, Raviart P A. Vortex Method for Incompressible Euler and Navier-Stokes Equations[M]. Berlin: Springer-Verlag, 1988.

[15] Greengard L, Rokhlin V. A fast algorithm for particle simulations[J]. Journal of Computational Physics, 1987, 73(2): 325-348.

[16] Rossi L F. Resurrecting core spreading vortex methods: A new scheme that is both deterministic and convergent[J]. SIAM Journal on Scientific Computing, 1996, 17(2): 370-397.

[17] Zhu B, Kamemoto K. A Lagrangian vortex method for flows over a moving bluff body[J]. Computational Fluid Dynamics Journal, 2003, 11(4): 363-370.

[18] 祝宝山. 非定常流动的快速拉格朗日涡方法数值模拟[J]. 力学学报, 2008, 40(1): 9-18.

[19] 祝宝山, 王旭鹤, 曹树良. 流体机械非定常流动的涡方法数值模拟[J]. 水力发电学报, 2011, 30(5): 178-185.

[20] Huang M J. The physical mechanism of symmetric vortex merger: A new viewpoint[J]. Physics of Fluids (1994-present), 2005, 17(7): 074105.

[21] Degond P, Mas-Gallic S. The weighted particle method for convection-diffusion equations. I. The case of an isotropic viscosity[J]. Mathematics of Computation, 1989, 53(188): 485-507.

[22] Koumoutsakos P, Leonard A. Improved boundary integral method for inviscid boundary condition applications[J]. AIAA Journal, 1993, 31(2): 401-404.

[23] Leonard A, Shiels D, Salmon J K, et al. Recent advances in high resolution vortex methods for incompressible flows[C]//AIAA, Computational Fluid Dynamics Conference, 13 th, Snowmass Village, 1997.

[24] Ploumhans P, Winckelmans G S. Vortex methods for high-resolution simulations of viscous flow past bluff bodies of general geometry[J]. Journal of Computational Physics, 2000, 165(2): 354-406.

[25] Ploumhans P, Winckelmans G S, Salmon J K, et al. Vortex methods for direct numerical simulation of three-dimensional bluff body flows: Application to the sphere at Re= 300, 500, and 1000[J]. Journal of Computational Physics, 2002, 178(2): 427-463.

[26] 潘岩松. 高层建筑二维流场的离散涡方法数值模拟[D]. 武汉: 华中科技大学, 2004.

[27] 陈斌，郭烈锦，杨晓刚. 圆柱绕流的离散涡数值模拟[J]. 自然科学进展, 2002, 12(9): 964-969.

[28] 童秉刚，张炳暄，崔尔杰. 非定常流与涡运动[M]. 北京: 国防工业出版社, 1993.

[29] 索奇峰. 二维钝体绕流计算的离散涡奇点分布法[D]. 成都: 西南交通大学, 1999.

[30] 黄远东, 吴文权, 张红武, 等. 二维浅水流动的离散涡方法[J]. 上海理工大学学报, 2004, 26(1): 15-18.

[31] 王聪，陈斌，郭烈锦，等. 离散涡法模拟不同直径串列圆柱绕流[J]. 西安交通大学学报，2008, 42(11):1431-4431.

[32] 祝宝山. 非定常流动的快速拉格朗日涡方法数值模拟[J]. 力学学报, 2008, 40(1):9-18.

[33] Kamemoto K. On contribution of advanced vortex element methods toward virtual reality of unsteady vortical flows in the new generation of CFD[J]. Journal of the Brazilian Society of Mechanical Sciences and Engineering, 2004, 26(4): 368-378.

[34] 黄远东, 吴文权, 张红武, 等. 离散涡方法及其工程应用[J]. 应用基础与工程科学学报, 2000, 8(4):405-415.

[35] Liang H, Zong Z, Zou L, et al. Vortex shedding from a two-dimensional cylinder beneath a rigid wall and a free surface according to the discrete vortex method[J]. European Journal of Mechanics-B/Fluids, 2014, 43: 110-119.

[36] Afungchui D, Kamoun B, Helali A. Vortical structures in the wake of the savonius wind turbine by the discrete vortex method[J]. Renewable Energy, 2014, 69:174-179.

[37] Huang Y, He W, Wu W. A numerical study on dispersion of particles from the surface of a circular cylinder placed in a gas flow using discrete vortex method[J]. Journal of Hydrodynamics, 2014, 26: 384-393.

[38] Fu X, Qin Z. Calculation of the added mass matrix of water impact of elastic wedges by the discrete vortex method[J]. Journal of Fluids and Structures, 2014, 44: 316-323.

[39] Sun L, Zong Z, Dong J, et al. Stripwise discrete vortex method for VIV analysis of flexible risers[J]. Journal of Fluids and Structures, 2012, 35: 21-49.

[40] Bin C, Cong W, Zhiwei W, et al. Investigation of gas-solid two-phase flow across circular cylinders with discrete vortex method[J]. Applied Thermal Engineering, 2009, 29(8): 1457-1466.

[41] Taylor I J, Vezza M. A numerical investigation into the aerodynamic characteristics and aeroelastic stability of a footbridge[J]. Journal of Fluids and Structures, 2009, 25(1): 155-177.

[42] Larsen A, Savage M, Lafreniere A, et al. Investigation of vortex response of a twin box bridge section at high and low Reynolds numbers[J]. Journal of Wind Engineering and Industrial Aerodynamics, 2008, 96(6): 934-944.

[43] Yamamoto C T, Meneghini J R, Saltara F, et al. Numerical simulations of vortex-induced vibration on flexible cylinders[J]. Journal of Fluids and Structures, 2004, 19(4): 467-489.

[44] 金鑫, 祝宝山, 曹树良. 三角翼周围非定常流动的三维涡方法数值模拟[J]. 清华大学学报: 自然科学版, 2008, 48(2): 256-259.

[45] 黄熙龙, 王嘉松. 隔水管附属管控制流动的离散涡模拟分析[J]. 上海交通大学学报, 2014, 48(12): 1760-1765.

[46] 黄远东, 吴文权. 液固两相圆柱绕流尾迹内颗粒扩散分布的离散涡数值研究[J]. 应用数学和力学, 2006, 27(4): 477-483.

[47] Guedes V G, Bodstein G C R, Hirata M H. Comparative analysis of vortex method simulations of the flow around a circular cylinder using a source panel method and the circle theorem[C]//17th International Congress Mechanical Engineering, San Paulo, 2003, 4: 10-14.

[48] Huang M J, Su H X, Chen L C. A fast resurrected core-spreading vortex method with no-slip boundary conditions[J]. Journal of Computational Physics, 2009, 228(6): 1916-1931.

[49] Huang M J. Diffusion via splitting and remeshing via merging in vortex methods[J]. International Journal for Numerical Methods in Fluids, 2005, 48(5): 521-539.

[50] Rasmussen J T, Hejlesen M M, Larsen A, et al. Discrete vortex method simulations of the aerodynamic admittance in bridge aerodynamics[J]. Journal of Wind Engineering and Industrial Aerodynamics, 2010, 98(12): 754-766.

[51] 吴望一. Fluid Mechanics[M]. 北京: 北京大学出版社, 1985.

[52] Zdravkovich M M, Pridden D L. Interference between two circular cylinders; series of unexpected discontinuities[J]. Journal of Wind Engineering and Industrial Aerodynamics, 1977, 2(3): 255-270.

[53] Alam M M, Moriya M, Sakamoto H. Aerodynamic characteristics of two side-by-side circular cylinders and application of wavelet analysis on the switching phenomenon[J]. Journal of Fluids and Structures, 2003, 18(3): 325-346.

[54] Zhou Y, Zhang H J, Yiu M W. The turbulent wake of two side-by-side circular cylinders[J]. Journal of Fluid Mechanics, 2002, 458: 303-332.

[55] Xu S J, Zhou Y, So R M C. Reynolds number effects on the flow structure behind two side-by-side cylinders[J]. Physics of Fluids, 2003, 15(5): 1214-1219.

[56] 郭明旻. 双圆柱表面压力分布的同步测量及脉动气动力特性[D]. 上海: 复旦大学, 2005.

[57] Oruç V, Akar M A, Akilli H, et al. Suppression of asymmetric flow behavior downstream of two side-by-side circular cylinders with a splitter plate in shallow water[J]. Measurement, 2013, 46(1): 442-455.

[58] Williamson C H K. Evolution of a single wake behind a pair of bluff bodies[J]. Journal of Fluid Mechanics, 1985, 159: 1-18.

[59] Ravoux J F, Nadim A, Haj-Hariri H. An embedding method for bluff body flows: Interactions of two side-by-side cylinder wakes[J]. Theoretical and Computational Fluid Dynamics, 2003, 16(6): 433-466.

[60] Kang S. Characteristics of flow over two circular cylinders in a side-by-side arrangement at low Reynolds numbers[J]. Physics of Fluids, 2003, 15(9): 2486-2498.

[61] Chen L, Tu J Y, Yeoh G H. Numerical simulation of turbulent wake flows behind two side-by-side cylinders[J]. Journal of Fluids and Structures, 2003, 18(3): 387-403.

[62] Ryu S, Lee S B, Lee B H, et al. Estimation of hydrodynamic coefficients for flow around cylinders in side-by-side arrangement with variation in separation gap[J]. Ocean Engineering, 2009, 36(9): 672-680.

[63] Carini M, Auteri F, Giannetti F. Secondary instabilities of the in-phase synchronized wakes past two circular cylinders in side-by-side arrangement[J]. Journal of Fluids and Structures, 2015, 53: 70-83.

[64] Thapa J, Zhao M, Cheng L, et al. Three-dimensional simulations of flow past two circular cylinders in side-by-side arrangements at right and oblique attacks[J]. Journal of Fluids and Structures, 2015, 55: 64-83.

[65] Shao J, Zhang C. Large eddy simulations of the flow past two side-by-side circular cylinders[J]. International Journal of Computational Fluid Dynamics, 2008, 22(6): 393-404.

[66] Afgan I, Kahil Y, Benhamadouche S, et al. Large eddy simulation of the flow around single and two side-by-side cylinders at subcritical Reynolds numbers[J]. Physics of Fluids, 2011, 23(7): 075101.

[67] Sarvghad-Moghaddam H, Nooredin N, Ghadiri-Dehkordi B. Numerical simulation of flow over two side-by-side circular cylinders[J]. Journal of Hydrodynamics, Ser. B, 2011, 23(6): 792-805.

[68] 王沣浩，姜歌东，罗昔联. 高雷诺数下双圆柱绕流诱发振动的数值模拟[J]. 西安交通大学学报，2007, 41(1): 101-105.

[69] 于定勇，崔肖娜，唐鹏. 并列双圆柱绕流的水动力特性研究[J]. 中国海洋大学学报（自然科学版），2015, 5: 016.

[70] 陈威霖，及春宁，徐万海. 并列双圆柱流致振动的不对称振动和对称性迟滞研究[J]. 力学学报，2015, 47(5): 731-739.

[71] 及春宁，陈威霖，黄继露，等. 串列双圆柱流致振动的数值模拟及其耦合机制[J]. 力学学报, 2014(6): 862-870.

[72] Mittal S, Kumar V, Raghuvanshi A. Unsteady incompressible flows past two cylinders in tandem and staggered arrangements[J]. International Journal for Numerical Methods in Fluids, 1997, 25(11): 1315-1344.

[73] Li J, Chambarel A, Donneaud M, et al. Numerical study of laminar flow past one and two circular cylinders[J]. Computers & Fluids, 1991, 19(2): 155-170.

[74] Johnson A A, Tezduyar T E, Liou J. Numerical simulation of flows past periodic arrays of cylinders[J]. Computational Mechanics, 1993, 11(5-6): 371-383.

[75] Farrant T, Tan M, Price W G. A cell boundary element method applied to laminar vortex shedding from circular cylinders[J]. Computers & Fluids, 2001, 30(2): 211-236.

[76] Hall J W, Ziada S, Weaver D S. Vortex-shedding from single and tandem cylinders in the presence of applied sound[J]. Journal of Fluids and Structures, 2003, 18(6): 741-758.

[77] Meneghini J R, Saltara F, Siqueira C L R. Numerical simulation of flow interference between two circular cylinders in tandem and side-by-side arrangements[J]. Journal of Fluids and Structures, 2001, 15(2): 327-350.

[78] Sharman B, Lien F S, Davidson L. Numerical predictions of low Reynolds number flows over two tandem circular cylinders[J]. International Journal for Numerical Methods in Fluids, 2005, 47(5): 423-447.

[79] Ding H, Shu C, Yeo K S. Numerical simulation of flows around two circular cylinders by mesh - free least square based finite difference methods[J]. International Journal for Numerical Methods in Fluids, 2007, 53(2): 305-332.

[80] Jian D, An L R, Jian F Z. Three-dimensional flow around two tandem circular cylinders with various spacing at *Re*=220[J]. Journal of Hydrodynamics, Ser. B, 2006, 18(1): 48-54.

[81] Singha S, Sinhamahapatra K P. High-resolution numerical simulation of low Reynolds number incompressible flow about two cylinders in tandem[J]. Journal of Fluids Engineering, 2010, 132(1): 011101.

[82] Kitagawa T, Ohta H. Numerical investigation on flow around circular cylinders in tandem arrangement at a subcritical Reynolds number[J]. Journal of Fluids and Structures, 2008, 24(5): 680-699.

[83] 周巍伟. 深海悬链线立管涡激疲劳损伤预报研究[D]. 大连: 大连理工大学, 2009.

[84] 潘志远. 海洋立管涡激振动机理与预报方法研究[D]. 上海: 上海交通大学, 2006.

[85] Allen D W. Vortex-induced vibration of deepwater risers[C]//Offshore Technology Conference, 1998.

[86] Vandiver J K. Research challenges in the vortex-induced vibration prediction of marine risers[C]. Offshore Technology Conference, 1998.

[87] Sarpkaya T. Vortex-induced oscillations: a selective review[J]. Journal of Applied Mechanics, 1979, 46(2): 241-258.

[88] 林海花. 隔水管涡激动力响应及疲劳损伤可靠性分析[D]. 大连：大连理工大学, 2008.

[89] 秦延龙, 王世澎. 海洋立管涡激振动计算方法进展[J]. 中国海洋平台, 208, 23(4): 14-17.

[90] Facchinetti M L, de Langre E, Biolley F. Coupling of structure and wake oscillators in vortex-induced vibrations[J]. Journal of Fluids and Structures, 2004, 19(2): 123-140.

[91] Birkhoff G. Jets, Wakes, and Cavities[M]. Amsterdam: Elsevier, 2012.

[92] Hartlen R T, Currie I G. Lift-oscillator model of vortex-induced vibration[J]. Journal of the Engineering Mechanics Division, 1970, 96(5): 577-591.

[93] Iwan W D, Blevins R D. A model for vortex induced oscillation of structures[J]. Journal of Applied Mechanics, 1974, 41(3): 581-586.

[94] Iwan W D. The vortex induced oscillation of non-uniform structure systems[J]. Journal of Sound and Vibration, 1981, 79(2):291-301.

[95] Kim W J, Perkins N C. Two-dimensional vortex-induced vibration of cable suspensions[J]. Journal of Fluids and Structures, 2002, 16(2): 229-245.

[96] 董艳秋. 波, 流联合作用下海洋平台张力腿的涡激非线性振动[J]. 海洋学报, 1994, 16(3): 121-129.

[97] 唐国强, 吕林, 滕斌, 等. 大长细比柔性杆件涡激振动实验[J]. 海洋工程, 2011, 29(1): 18-25.

[98] 唐友刚, 邵卫东, 张杰, 等. 深海顶张力立管参激-涡激耦合振动响应分析[J]. 工程力学, 2013, 30(5): 282-286.

[99] 张杰, 唐友刚. 深海立管固有振动特性的进一步分析[J]. 船舶力学, 2014, 18(1): 165-171.

[100] Guo H, Wang S, Wu J, et al. Dynamic characteristics of marine risers conveying fluid[J]. China Ocean Engineering, 2000, 14(2): 153-160.

[101] 郭海燕, 傅强, 娄敏. 海洋输液立管涡激振动响应及其疲劳寿命研究[J]. 工程力学, 2005, 22(4): 220-224.

[102] 李朋, 郭海燕, 张莉, 等. 新型深水海洋输液立管涡激振动抑振装置试验研究[J]. 中国海洋大学学报：自然科学版, 2015 (9): 109-115.

[103] 林海花. 波流共同作下隔水管动力响应非线性分析[J]. 船舶力学, 2009, 13(2):189-195.

[104] 潘志远, 崔维成, 刘应中. 低质量一阻尼因子圆柱体的祸激振动预报模型[J]. 船舶力学, 2005, 5: 115-124.

[105] 任大朋. 深水立管涡激振动的耦合模拟及抑制方法研究[D]. 大连: 大连理工大学, 2006.

[106] 白长旭. 波流耦合作用下立管涡激振动分析[D]. 大连: 大连理工大学, 2007.

[107] 黄智勇, 潘志远, 崔维成. 两向自由度低质量比圆柱体涡激振动的数值计算[J]. 船舶力学, 2007, 11(1): 1-9.

[108] 陈伟. 涡激振动的离散涡数值模拟[D]. 大连: 大连理工大学, 2009.

[109] 董婧. 挠性立管涡激振动的离散涡方法研究[D]. 大连: 大连理工大学, 2010.

[110] 黄维平, 刘娟, 唐世振. 考虑流固耦合的大柔性圆柱体涡激振动非线性时域模型[J]. 振动与冲击, 2012, 31: 140-143.

[111] 刘娟, 黄维平. 钢悬链式立管涡激振动流固耦合非线性分析方法研究[J]. 振动与冲击, 2014, 33(3): 41-45.

[112] Lie H, Mo K, Vandiver J K. VIV model test of a bare-and a staggered buoyancy riser in a rotating rig[C]//Offshore Technology Conference, 1998.

[113] Feng C C. The measurement of vortex induced effects in flow past stationary and oscillating circular and d-section cylinders[D]//University of British Columbia, 1968.

[114] Stappenbelt B, Lalji F, Tan G. Low mass ratio vortex-induced motion[C]//16th Australasian Fluid Mechanics Conference, 2007, 12: 1491-1497.

[115] Sarpkaya T. Hydrodynamic damping, flow-induced oscillations, and biharmonic response[J]. Journal of Offshore Mechanics and Arctic Engineering, 1995, 117(4): 232-238.

[116] Carberry J. Wake states of a submerged oscillating cylinder and of a cylinder beneath a free-surface[D]. Monash University, 2002.

[117] Vandiver J K, Allen D, Li L. The occurrence of lock-in under highly sheared conditions[J]. Journal of Fluids and Structures, 1996, 10(5): 555-561.

[118] Marcollo H, Chaurasia H, Vandiver J K. Phenomena observed in VIV bare riser field tests[C]//ASME 2007 26th International Conference on Offshore Mechanics and Arctic Engineering. American Society of Mechanical Engineers, 2007: 989-995.

[119] Vandiver J K, Swithenbank S B, Jaiswal V, et al. Fatigue damage from high mode number vortex-induced vibration[C]//25th International Conference on Offshore Mechanics and Arctic Engineering. American Society of Mechanical Engineers, 2006: 803-811.

[120] Vandiver J K, Marcollo H, Swithenbank S, et al. High mode number vortex-induced vibration field experiments[C]//Offshore Technology Conference, 2005.

[121] Hong S, Choi Y R, Park J B, et al. Experimental study on the vortex-induced vibration of towed pipes[J]. Journal of Sound and Vibration, 2002, 249(4): 649-661.

[122] Khalak A, Williamson C H K. Dynamics of a hydroelastic cylinder with very low mass and damping[J]. Journal of Fluids and Structures, 1996, 10(5): 455-472.

[123] Khalak A, Williamson C H K. Motions, forces and mode transitions in vortex-induced vibrations at low mass-damping[J]. Journal of fluids and Structures, 1999, 13(7): 813-851.

[124] Govardhan R, Williamson C H K. Modes of vortex formation and frequency response of a freely vibrating cylinder[J]. Journal of Fluid Mechanics, 2000, 420: 85-130.

[125] Jauvtis N, Williamson C H K. The effect of two degrees of freedom on vortex-induced vibration at low mass and damping[J]. Journal of Fluid Mechanics, 2004, 509: 23-62.

[126] Govardhan R, Williamson C H K. Critical mass in vortex-induced vibration of a cylinder[J]. European Journal of Mechanics-B/Fluids, 2004, 23(1): 17-27.

[127] Jauvtis N, Williamson C H K. Vortex-induced vibration of a cylinder with two degrees of freedom[J]. Journal of Fluids and Structures, 2003, 17(7): 1035-1042.

[128] Govardhan R, Williamson C H K. Resonance forever: Existence of a critical mass and an infinite regime of resonance in vortex-induced vibration[J]. Journal of Fluid Mechanics, 2002, 473: 147-166.

[129] Govardhan R, Williamson C H K. Mean and fluctuating velocity fields in the wake of a freely-vibrating cylinder[J]. Journal of Fluids and Structures, 2001, 15(3): 489-501.

[130] Govardhan R, Williamson C H K. Modes of vortex formation and frequency response of a freely vibrating cylinder[J]. Journal of Fluid Mechanics, 2000, 420: 85-130.

[131] Chaplin J R, Bearman P W, Huarte F J H, et al. Laboratory measurements of vortex-induced vibrations of a vertical tension riser in a stepped current[J]. Journal of Fluids and Structures, 2005, 21(1): 3-24.

[132] 张建侨, 宋吉宁, 吕林, 等. 质量比对柔性立管涡激振动影响实验研究[J]. 海洋工程, 2009, 27(4): 38-44.

[133] 娄敏. 海洋输流立管涡激振动试验研究及数值模拟[D]. 青岛: 中国海洋大学, 2007.

[134] 秦伟. 双自由度涡激振动的涡强尾流振子模型研究[D]. 哈尔滨: 哈尔滨工程大学, 2013.

[135] Furnes G K, Hassanein T, Halse K H, et al. A field study of flow induced vibrations on a deepwater drilling riser[C]//Offshore Technology Conference, 1998.

[136] 王光远. 结构动力学[M]. 北京: 高等教育出版社, 2006.

第 2 章　离散涡方法

2.1　引　　言

本章介绍了基于涡量-流函数的离散涡方法[1]的基本原理和存在的缺陷。首先对 Navier-Stokes (N-S) 方程求旋，得到涡量控制方程；根据算子分裂法，将涡量方程分为对流项和扩散项；由毕奥-萨伐尔定理获得对流项的解，由随机走步法获得扩散项的计算公式。其次结合圆柱绕流，建立了圆柱绕流数值计算模型；根据边界无滑移和无穿透条件，建立满足边界条件的控制方程。最后说明了离散涡法的计算精度和存在的缺陷。

2.2　离散涡方法基础

基于涡量-流函数的离散涡方法的基本思想：用有限个涡元代表局部有旋区域连续分布的涡量场。每一个涡元都视为具有涡量、独立的流体单元。通过计算涡元的产生、脱落、对流和扩散来实现对整个流场的数值模拟。

2.2.1　控制方程

非定常、不可压缩黏性流体流动的控制方程为 N-S 方程和连续性方程，其表达式如下：

$$\nabla \cdot \boldsymbol{u} = \mathbf{0} \tag{2.1}$$

$$\frac{\partial \boldsymbol{u}}{\partial t} + \boldsymbol{u} \cdot \nabla \boldsymbol{u} = -\frac{1}{\rho}\nabla p + \upsilon \nabla^2 \boldsymbol{u} \tag{2.2}$$

式中，$\boldsymbol{u}$ 为速度矢量；p 为压强；ρ 为流体密度；υ 为流体的运动黏性系数；t 为时间变量；∇ 为哈密顿算子，表达式如下：

$$\nabla = \boldsymbol{i}\frac{\partial}{\partial x} + \boldsymbol{j}\frac{\partial}{\partial y} + \boldsymbol{k}\frac{\partial}{\partial z} \tag{2.3}$$

其中，$\boldsymbol{i}$、$\boldsymbol{j}$、$\boldsymbol{k}$ 分别为 x 轴、y 轴和 z 轴的单位向量。对方程 (2.1) 和 (2.2) 两边求旋，得到涡量场的控制方程，其表达式如下：

$$\frac{\partial \boldsymbol{\omega}}{\partial t}+\boldsymbol{u}\cdot\nabla\boldsymbol{\omega}=\frac{\mathrm{d}\boldsymbol{\omega}}{\mathrm{d}t}=\upsilon\nabla^2\boldsymbol{\omega}+\boldsymbol{\omega}\cdot\nabla\boldsymbol{u} \tag{2.4}$$

式中，$\frac{\mathrm{d}}{\mathrm{d}t}$代表物质导数；$\boldsymbol{\omega}$是涡量矢量的非零分量。在二维流场中$\boldsymbol{\omega}$仅有一个非零分量$\omega$，其表达式为

$$\omega=\frac{\partial v}{\partial x}-\frac{\partial u}{\partial y} \tag{2.5}$$

由$\boldsymbol{\omega}\cdot\nabla\boldsymbol{u}=0$，式(2.4)简化为

$$\frac{\partial \omega}{\partial t}+\boldsymbol{u}\cdot\nabla\omega=\upsilon\nabla^2\omega \tag{2.6}$$

若在二维不可压缩流动中引入流函数ψ，则根据流函数的定义，有

$$u=\frac{\partial \psi}{\partial y},\qquad v=-\frac{\partial \psi}{\partial x} \tag{2.7}$$

将式(2.7)代入式(2.5)得到泊松方程为

$$\Delta\psi=-\omega \tag{2.8}$$

式中，$\Delta=\nabla\cdot\nabla=\nabla^2$为 Laplace 算子。由此得到了用速度和涡量表示的控制方程(2.1)和控制方程(2.4)或者用涡量和流函数表示的控制方程(2.6)和控制方程(2.8)。

2.2.2 二维无黏性离散涡法

早期的离散涡法不考虑流体的黏性，无黏流体的离散涡法理论一直是涡方法的核心，其思想是将连续的涡量场离散成若干个涡元。对于二维无黏性流体，控制方程简化为

$$\frac{\mathrm{d}\omega}{\mathrm{d}t}=\frac{\partial \omega}{\partial t}+\boldsymbol{u}\cdot\nabla\omega=0 \tag{2.9}$$

在拉格朗日框架下对控制方程(2.9)进行求解，其目的是获得每一时刻所有涡元的运动轨迹。若$\boldsymbol{r}=\boldsymbol{r}(x,y)$为空间坐标，涡元的拉格朗日坐标用$\alpha$表示，同时涡元的迹线用$\boldsymbol{\chi}(\boldsymbol{\alpha},t)$表示，则求解常微分方程组

$$\begin{cases}\dfrac{\partial \boldsymbol{\chi}(\boldsymbol{\alpha},t)}{\partial t}=\boldsymbol{u}\left(\boldsymbol{\chi}(\boldsymbol{\alpha},t),t\right)\\ \boldsymbol{\chi}(\boldsymbol{\alpha},t)=\boldsymbol{\alpha}\end{cases} \tag{2.10}$$

便可得到涡元的迹线。在式(2.10)中，涡元$\boldsymbol{\alpha}$的速度由泊松方程获得，其解为著名的 Biot-Savart 公式：

$$\boldsymbol{u}(\boldsymbol{r},t)=\int \boldsymbol{K}(\boldsymbol{r}-\boldsymbol{r}')\omega(\boldsymbol{r}',t)\mathrm{d}V'+\boldsymbol{u}_\infty \tag{2.11}$$

式中，V'代表积分区域；$\boldsymbol{u}_\infty$代表无穷远处的来流速度；$\boldsymbol{K}(\boldsymbol{r}-\boldsymbol{r}')$的表达式为

$$\boldsymbol{K}(\boldsymbol{r}-\boldsymbol{r}')=\frac{-\boldsymbol{i}(y-y')+\boldsymbol{j}(x-x')}{2\pi|\boldsymbol{r}-\boldsymbol{r}'|^2} \tag{2.12}$$

其中，$R=|\boldsymbol{r}-\boldsymbol{r}'|$（$\boldsymbol{r}$为向径，$\boldsymbol{r}'$为动向径）。由式(2.11)可得到，在时刻$t$时流场内任意一点的涡量近似值

$$\omega(\boldsymbol{r},t)\approx\sum_{i=1}^{N}\Gamma_i\delta\left(\boldsymbol{r}-\boldsymbol{\chi}_i(t)\right) \tag{2.13}$$

式中，$\delta(\boldsymbol{r})$为 Diracδ函数；N为流场中涡元的总数；$\omega(\boldsymbol{r},t)$为t时刻场点$\boldsymbol{r}$处涡量的近似值；$\boldsymbol{\chi}_i(t)$是$\boldsymbol{\chi}_i(\alpha_i,t)$的简写，为$t$时刻的第$i$个涡元所在的位置。由此可得涡量场中涡元的运动方程为

$$\begin{cases}\dfrac{\partial\boldsymbol{\chi}(\alpha_i,t)}{\partial t}=\displaystyle\sum_{\substack{j=1\\j\neq i}}^{N}\Gamma_j\boldsymbol{K}\left(\chi_i-\chi_j\right)+\boldsymbol{u}_\infty\\[2ex]\dfrac{\partial\Gamma_i}{\partial t}=0\ , \qquad i=1,2,\cdots,N\end{cases} \tag{2.14}$$

这就是经典离散涡法中涡元的运动微分方程。

2.2.3 有黏性离散涡法

根据算子分裂法，涡量方程(2.5)可分裂成对流项和扩散项。其中对流项为

$$\begin{cases}\dfrac{\partial\omega}{\partial t}=-\boldsymbol{u}\cdot\nabla\omega\\[1ex]\nabla^2\psi=-\omega\end{cases} \tag{2.15}$$

扩散项为

$$\frac{\partial\omega}{\partial t}=\upsilon\nabla^2\omega \tag{2.16}$$

式中，ψ为流函数。

若已知无穷远处的流动条件，流场处于无边界流域中，则方程(2.11)的解可用 Biot-Savart 定律表示为

$$\boldsymbol{u}(r)=\frac{1}{a}\int_{V}\frac{\boldsymbol{\omega}\times\boldsymbol{R}}{R^{b}}\mathrm{d}V-\frac{1}{a}\int_{S}\frac{\boldsymbol{n}\cdot\boldsymbol{u}\boldsymbol{R}}{R^{b}}\mathrm{d}s-\frac{1}{a}\int_{S}\frac{(\boldsymbol{n}\times\boldsymbol{u})\times\boldsymbol{R}}{R^{b}}\mathrm{d}s \tag{2.17}$$

式中，二维问题的参数为 $a=2\pi$，$b=2$，对于三维问题，$a=4\pi$，$b=3$；V 为流体区域；S 为边界；$\boldsymbol{n}$ 为边界的单位法向量；$\boldsymbol{u}$ 为壁面运动速度。

2.2.4 边界条件

边界条件是控制方程有解的必要条件，在数值模拟中物面边界条件必须满足无滑移和无穿透条件，其表达式为

$$\boldsymbol{u}\cdot\boldsymbol{n}=\boldsymbol{u}_{\mathrm{B}}\cdot\boldsymbol{n} \tag{2.18}$$

$$\boldsymbol{u}\cdot\boldsymbol{\tau}=\boldsymbol{u}_{\mathrm{B}}\cdot\boldsymbol{\tau} \tag{2.19}$$

式中，$\boldsymbol{n}$、$\boldsymbol{\tau}$ 分别表示法向单位矢量和切向单位矢量；$\boldsymbol{u}$ 表示来流速度矢量；$\boldsymbol{u}_{\mathrm{B}}$ 表示钝体的速度矢量。

2.2.5 Biot-Savart 公式推导

连续不可压流体的连续方程为

$$\nabla\cdot\boldsymbol{u}=0 \tag{2.20}$$

用 $\boldsymbol{A}$ 表示向量流函数，根据流函数的定义可得

$$\boldsymbol{u}=\nabla\times\boldsymbol{A} \tag{2.21}$$

根据涡量与速度的关系有

$$\boldsymbol{\omega}=\nabla\times\boldsymbol{u} \tag{2.22}$$

将式(2.21)代入式(2.22)后化简，可得

$$\boldsymbol{\omega}=\nabla(\nabla\cdot\boldsymbol{A})-\nabla^{2}\boldsymbol{A} \tag{2.23}$$

若选择适当的 $\boldsymbol{A}$，且满足式(2.21)与 $\nabla\cdot\boldsymbol{A}=0$，那么便可得到泊松型的涡量-流函数方程

$$\nabla^{2}\boldsymbol{A}=-\boldsymbol{\omega} \tag{2.24}$$

为了便于求解首先引入 G，定义

$$\nabla^2 G = -\boldsymbol{\delta} \tag{2.25}$$

式中，向量$\boldsymbol{\delta}$为 Dirac 函数。

同时引入常向量$\boldsymbol{a}$并定义向量$\boldsymbol{Q}$，根据矢量公式有

$$\boldsymbol{Q} = \nabla \times (G\boldsymbol{a}) = \nabla G \times \boldsymbol{a} \tag{2.26}$$

对于向量$\boldsymbol{Q}$，不难验证有

$$\nabla \cdot \boldsymbol{Q} = 0 \tag{2.27}$$

$$\nabla \times \boldsymbol{Q} = \nabla \times \nabla \times (G\boldsymbol{a}) = \nabla(\boldsymbol{a} \cdot \nabla G) + \delta \boldsymbol{a} \tag{2.28}$$

$$\nabla^2 \boldsymbol{Q} = -\nabla \times (\delta \boldsymbol{a}) \tag{2.29}$$

根据格林公式

$$\int_V (\boldsymbol{A} \cdot \nabla^2 \boldsymbol{Q} - \boldsymbol{Q} \cdot \nabla^2 \boldsymbol{A}) \mathrm{d}V = \int_S (\boldsymbol{n} \times \boldsymbol{A}) \cdot \nabla \times \boldsymbol{Q} \mathrm{d}s - \int_S (\boldsymbol{n} \times \boldsymbol{Q}) \cdot \nabla \times \boldsymbol{A} \mathrm{d}s \tag{2.30}$$

由$\boldsymbol{a} \cdot (\boldsymbol{b} \times \boldsymbol{c}) = \boldsymbol{c} \cdot (\boldsymbol{a} \times \boldsymbol{b})$，式(2.30)可化简为

$$\int_V (\boldsymbol{A} \cdot \nabla^2 \boldsymbol{Q} - \boldsymbol{Q} \cdot \nabla^2 \boldsymbol{A}) \mathrm{d}V = \int_S (\boldsymbol{A} \times \nabla \times \boldsymbol{Q}) \cdot \boldsymbol{n} \mathrm{d}s - \int_S (\boldsymbol{Q} \times \nabla \times \boldsymbol{A}) \cdot \boldsymbol{n} \mathrm{d}s \tag{2.31}$$

将式(2.24)和式(2.29)代入式(2.31)，则

$$-\int_V \boldsymbol{A} \cdot \nabla \times (\delta \boldsymbol{a}) \mathrm{d}V + \int_V \boldsymbol{Q} \cdot \boldsymbol{\omega} \mathrm{d}V = \int_S \boldsymbol{A} \times \nabla \times \boldsymbol{Q} \cdot \boldsymbol{n} \mathrm{d}s - \int_S \boldsymbol{Q} \times \boldsymbol{u} \cdot \boldsymbol{n} \mathrm{d}s \tag{2.32}$$

式(2.32)左边第一项可化简为

$$\begin{aligned} -\int_V \boldsymbol{A} \cdot \nabla \times (\delta \boldsymbol{a}) \mathrm{d}V &= \int_V \nabla \times \boldsymbol{A} \cdot (\delta \boldsymbol{a}) \mathrm{d}V - \int_V \nabla \cdot (\delta \boldsymbol{A} \times \boldsymbol{a}) \mathrm{d}V \\ &= \int_V \nabla \times \boldsymbol{A} \cdot (\delta \boldsymbol{a}) \mathrm{d}V \end{aligned} \tag{2.33}$$

根据式(2.26)，式(2.32)左边第二项可化简为

$$\int_V \boldsymbol{Q} \cdot \boldsymbol{\omega} \mathrm{d}V = -\boldsymbol{a} \int_V \nabla \boldsymbol{Q} \times \boldsymbol{\omega} \mathrm{d}V \tag{2.34}$$

根据 Laplace 算子的性质，式(2.32)右边第一项可化简为

$$\int_S \boldsymbol{A}\times\nabla\times\boldsymbol{Q}\cdot\boldsymbol{n}\mathrm{d}s=\int_S \boldsymbol{a}\cdot\nabla\boldsymbol{Q}\cdot(\nabla\times\boldsymbol{A})\cdot\boldsymbol{n}\mathrm{d}s \tag{2.35}$$

于是式(2.32)右边第二项可化简为

$$\int_S \boldsymbol{Q}\times\boldsymbol{u}\cdot\boldsymbol{n}\mathrm{d}s=\int_S \boldsymbol{u}\times\boldsymbol{n}\cdot\boldsymbol{Q}\mathrm{d}s=-\boldsymbol{a}\int_s \boldsymbol{u}\times\boldsymbol{n}\cdot\nabla\boldsymbol{Q}\mathrm{d}s \tag{2.36}$$

将式(2.33)～式(2.36)代入式(2.32)可得

$$\int_V \boldsymbol{u}\cdot\delta\mathrm{d}v=\int_v \boldsymbol{\omega}\cdot\nabla\boldsymbol{Q}\mathrm{d}v+\int_s[(\boldsymbol{n}\cdot\boldsymbol{u})-(\boldsymbol{n}\times\boldsymbol{u})\times\nabla\boldsymbol{Q}]\mathrm{d}s \tag{2.37}$$

式中，s 代表边界；v 代表流场内部。

方程(2.25)的奇点解如下：

$$G=\frac{1}{2\pi}\ln\left(\frac{1}{R}\right),\quad 二维空间 \tag{2.38}$$

$$G=-\frac{1}{4\pi R},\quad 三维空间 \tag{2.39}$$

若将式(2.38)和式(2.39)代入式(2.37)可得到

$$\boldsymbol{u}(\boldsymbol{r})=\frac{1}{a}\int_V \frac{\boldsymbol{\omega}\times\boldsymbol{R}}{R^b}\mathrm{d}V-\frac{1}{a}\int_S \frac{\boldsymbol{n}_0\cdot\boldsymbol{u}_0\cdot\boldsymbol{R}}{R^b}\mathrm{d}s-\frac{1}{a}\int_S \frac{(\boldsymbol{n}_0\times\boldsymbol{u}_0)\times\boldsymbol{R}}{R^b}\mathrm{d}s \tag{2.40}$$

此式为广义的 Biot-Savart 公式，$\boldsymbol{u}_0$ 为壁面运动速度，$\boldsymbol{n}_0$ 为边界面单位法向量。

如果不考虑边界，仅考虑流场，那么有

$$\boldsymbol{u}(\boldsymbol{r},t)=-\frac{1}{4\pi}\iiint \frac{(\boldsymbol{r}-\boldsymbol{r}')\times\boldsymbol{\omega}(\boldsymbol{r}',t)}{|\boldsymbol{r}-\boldsymbol{r}'|^3}\mathrm{d}V(\boldsymbol{r}')+\boldsymbol{u}_\infty \tag{2.41}$$

Chorin 和 Benard[1]通过粒子随机走步的方法来近似模拟涡元的扩散运动，其数值表达式为

$$\left.\begin{aligned}\Delta x_k(t)&=\sqrt{8Re^{-1}\Delta t\ln\left(\frac{1}{p_k}\right)\cos(2\pi Q_k)}\\ \Delta y_k(t)&=\sqrt{8Re^{-1}\Delta t\ln\left(\frac{1}{p_k}\right)\sin(2\pi Q_k)}\end{aligned}\right\},\quad k=1,2,\cdots,N \tag{2.42}$$

式中，雷诺数 $Re = \rho ud / \upsilon$（ρ 为流体密度，u 为流体特征速度，d 为特征长度，υ 为黏性系数）；p_k 和 Q_k 为在(0,1)区间内相互独立的两个随机数；k 为涡元的编号；N 为流场中涡元总数。由式(2.41)和式(2.42)可计算涡元的位移，从而实现涡元的对流和扩散。

2.3　离散涡方法的数值实现

基于涡量-流函数的离散涡方法是离散涡方法的其中一个版本。最经典的离散涡方法的数值实现是圆柱绕流的数值计算。主要思想是圆柱表面被离散成有限个数值点，剪切层离散成有限个涡元。根据物面为一条流线建立线性方程组，求解该方程组获得新生涡的涡量。由于涡元的对流和扩散，改变了涡量场的分布，导致物面条件不能满足。为此，在物面上引入新的涡元，形成新的涡量场，来满足物面条件。

2.3.1　物面和剪切层的离散

涡量场中所有涡元都源至物面的剪切层，因此剪切层的数值离散成为涡方法的核心问题。在经典的离散涡方法中采用一连串的涡元来代表剪切层。如图 2.1 为在均匀来流的作用下，直径为 d 的单圆柱绕流计算模型。用 M 个控制点代替圆柱表面，在距离圆柱表面为 $\varepsilon(\phi)$ 处用 M 个涡元代表剪切层。其中，$\varepsilon(\phi)$ 为剪切层厚度；U_0 代表均匀来流的速度；Γ_k 代表第 k 个涡元的环量；ψ_k 代表第 k 个涡元的流函数，由于圆柱的圆周具有流线性，因此相邻的两个涡元的流函数相等。

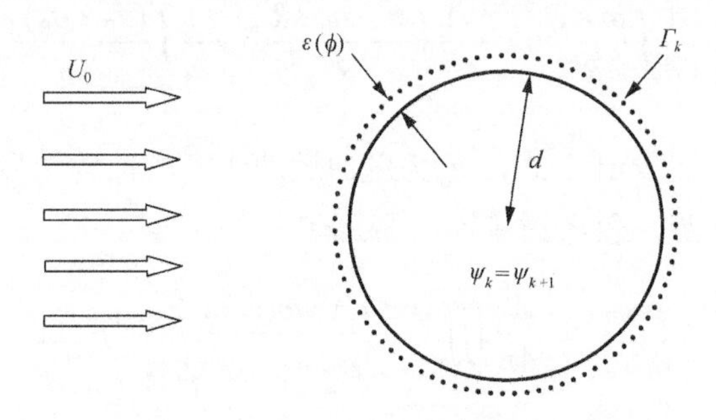

图 2.1　新生涡的位置

2.3.2　新生涡的产生

在涡元法中，Spalart 和 Leonard[2]引入半径为 σ 的刚性涡，其诱导的周向速度为

$$u_{\theta,k} = \frac{\Gamma_k}{2\pi} \frac{r}{r^2 + \sigma^2} \tag{2.43}$$

式中，θ 为极角；r 为极径；k 为涡元序号。那么相应的流函数为

$$\psi = -\frac{\Gamma}{2\pi}\ln(r^2 + \sigma^2) \tag{2.44}$$

若所有涡元的流函数都能用环量表示，则根据流函数的叠加性，任何一个控制点的流函数可表示为

$$\begin{aligned}\psi_k = U_0 y_k &- \frac{1}{2\pi}\sum_{i=1}^{N}\Gamma_i \ln[(x_k - x_i)^2 + (y_k - y_i)^2 + \sigma_i^2] \\ &- \frac{1}{2\pi}\sum_{j=1}^{M}\Gamma_j \ln[(x_k - x_j)^2 + (y_k - y_j)^2 + \sigma_j^2]\end{aligned} \tag{2.45}$$

式中，U_0 为来流速度；M 和 N 分别是新生涡元和尾流中的涡元；(x_i, y_i)、(x_j, y_j) 和 (x_k, y_k) 分别是新生涡元、尾流中的涡元及控制点的位置。

对于光滑的圆柱表面，其圆周具有流线性，根据流线的性质有

$$\psi_{k+1} - \psi_k = 0 \tag{2.46}$$

相邻控制点的流函数必须满足等式(2.45)，因此 M 个控制点可建立 M 个方程，这些方程组含有 M 个未知数。同时为了满足涡量守恒，在方程组中需要增加一个体现涡量守恒的方程。由此方程组含有 $M+1$ 个方程，M 个未知数。方程组表示为

$$\boldsymbol{A\Gamma}(t) \equiv \boldsymbol{B}(t) \tag{2.47}$$

控制点和涡元的位置决定矩阵 $\boldsymbol{A}$，其形式为

$$\begin{aligned}\boldsymbol{A} &= [a_{ki}] \\ a_{ki} &= \frac{1}{4\pi}\ln\frac{(x_{k+1} - x_i)^2 + (y_{k+1} - y_i)^2 + \sigma_i^2}{(x_k - x_i)^2 + (y_k - y_i)^2 + \sigma_i^2}\end{aligned} \tag{2.48}$$

尾流中涡元的位置、强度、势流的速度及控制点位置决定矩阵 $\boldsymbol{B}(t)$ 的形式为

$$\begin{aligned}\boldsymbol{B}(t) &= [b_k] \\ b_k = U_0(y_{k+1} - y_k) &- \frac{1}{4\pi}\sum_{i=1}^{M}\Gamma_i \ln\frac{(x_{k+1} - x_i)^2 + (y_{k+1} - y_i)^2 + \sigma_i^2}{(x_k - x_i)^2 + (y_k - y_i)^2 + \sigma_i^2} \\ &- \frac{1}{4\pi}\sum_{j=1}^{N}\Gamma_j \ln\frac{(x_{k+1} - x_j)^2 + (y_{k+1} - y_j)^2 + \sigma_j^2}{(x_k - x_j)^2 + (y_k - y_j)^2 + \sigma_j^2}\end{aligned} \tag{2.49}$$

式中，U_0 为来流速度；M 和 N 分别是新生涡元和尾流中的涡元。根据涡量守恒定理，所以涡元的环量满足

$$\sum_{i=1}^{N}\Gamma_i+\sum_{j=1}^{M}\Gamma_j=0 \tag{2.50}$$

由式(2.48)～式(2.50)建立的线性方程组为超静定方程组。离散涡方法采用最小二乘法，将 $M+1$ 个方程转变为 M 个方程，然后采用高斯消去法获得方程组的解，由此获得所有新生涡元的环量。

2.3.3 涡元的对流和扩散

根据 Biot-Savart 定理，涡元的速度可表示为

$$\begin{aligned}u_k&=U_0-\sum_{i=1}^{N_V}\frac{\Gamma_i}{2\pi}\frac{y_k-y_i}{(x_k-x_i)^2+(y_k-y_i)^2+\sigma_i^2}\\v_k&=\sum_{i=1}^{N_V}\frac{\Gamma_i}{2\pi}\frac{x_k-x_i}{(x_k-x_i)^2+(y_k-y_i)^2+\sigma_i^2}\end{aligned} \tag{2.51}$$

式中，$N_v=M+N$ 为涡元的数目；(x_k,y_k) 为第 k 个涡的位置；(x_i,y_i) 为第 i 个涡元位置；Γ_i 为第 i 个涡元的环量。由式(2.51)得到涡元对流的位移公式为

$$\begin{aligned}x_k(t+\Delta t)&=[1.5u_k(t)-0.5u_k(t-\Delta t)]\Delta t+x_k(t)\\y_k(t+\Delta t)&=[1.5v_k(t)-0.5v_k(t-\Delta t)]\Delta t+y_k(t)\end{aligned},\quad k=1,2,\cdots,N \tag{2.52}$$

结合涡元的扩散公式，可得到不可压缩黏性流体的位移公式，其表达式为

$$\begin{aligned}x_k(t+\Delta t)&=[1.5u_k(t)-0.5u_k(t-\Delta t)]\Delta t+x_k(t)+\Delta x_k(t)\\y_k(t+\Delta t)&=[1.5v_k(t)-0.5v_k(t-\Delta t)]\Delta t+y_k(t)+\Delta y_k(t)\end{aligned},\quad k=1,2,\cdots,N \tag{2.53}$$

式中，$\Delta x_k(t)$ 和 $\Delta y_k(t)$ 分别为第 k 个涡元的在 t 时刻的扩散位移，由式(2.42)给出。

2.3.4 涡的融合

随着计算时间的增长，流场中涡元的数量快速增加，计算效率变低，总的计算时间变长。同时流场中涡元数量剧增，导致涡元之间的间距变小，甚至多个涡元相互重合，导致计算精度降低。为此 Spalart 和 Leonard[2]提出一种涡元的融合措施，如果涡元的间距达到下面的条件，两涡元合并为一个涡元。

$$\frac{\left|\Gamma_i \Gamma_j\right|}{\left|\Gamma_i + \Gamma_j\right|} \frac{\left|z_i - z_j\right|^2}{(D_0 + d_i)^{1.5}(D_0 + d_j)^{1.5}} \leqslant V_0 \tag{2.54}$$

式中，$z = x + \sqrt{-1}y$，为涡元在复平面内的位置；D_0 和 V_0 为控制参数；D_0 由圆柱附近的涡元数目决定，其值与来流速度 U_∞ 相当，V_0 的值控制尾流中涡元的总数目，其值与 $10^{6}U_\infty$ 相当。合并之后涡元的位置和环量分别如下：

$$z = (z_i \Gamma_i + z_j \Gamma_j) / (\Gamma_i + \Gamma_j) \tag{2.55}$$

$$\Gamma = \Gamma_i + \Gamma_j \tag{2.56}$$

2.3.5 作用在柱体上的力

在离散涡方法中由表面压力和黏性力的积分获得物体的受力，其中涡量变化决定表面压力。当物体静止时，在物面处的 N-S 方程可以写为

$$\frac{\partial p}{\partial s} = -\mu \frac{\partial \omega}{\partial n} \tag{2.57}$$

对于离散的物面，式(2.57)可简化为

$$\Delta p = \rho \frac{\Gamma}{\Delta t} \tag{2.58}$$

其离散形式为

$$p_i = -\frac{\rho}{\Delta t} \sum_{k=1}^{i} \Delta \Gamma_k \tag{2.59}$$

式中，p_i 为第 i 个线性涡元的压力；Γ_k 为第 k 个涡元的强度。在圆柱上的总压力表示为

$$\boldsymbol{F}_{\text{pressure}} = -\sum_{i=1}^{N} p_i \Delta s_i \boldsymbol{e}_{ni} \tag{2.60}$$

式中，$\boldsymbol{e}_{ni}$ 为物面的法向矢量；Δs_i 为线元长度。

由牛顿内摩擦定律得到黏性摩擦力，剪切应力的公式为

$$\boldsymbol{F}_{\text{skin}} = \sum_{i=1}^{N} \mu \frac{u_{si}}{2\sigma_0} \Delta s_i \boldsymbol{e}_{ni} \tag{2.61}$$

式中，u_{si} 表示物面的切向速度；$\boldsymbol{e}_{si}$ 为物面切向矢量。将得到的压力和摩擦力分解，并无因次化，可得离散涡方法中升力系数 C_{d} 和阻力系数 C_{l}，其表达形式如下：

$$C_{\mathrm{d}} = \frac{2F_x}{\rho D u^2}$$
$$C_{\mathrm{l}} = \frac{2F_y}{\rho D u^2} \tag{2.62}$$

由上述公式可见，每一时刻涡元产生的力与该时刻新生涡元直接相关，但尾流场中涡元分布决定了新生涡元的环量，由此看出物体受到的力与尾流场中的涡元间接相关。Quartapelle 和 Napolitano[3]直接用整个流场的信息来求受力系数，其表达式如下：

$$c_{\mathrm{d}} = \sum_{j=1}^{M+N} \Gamma_j \left[\frac{u_j \sin(2\theta_j) - v_j \cos(2\theta_j)}{r_j^2} \right]$$
$$c_{\mathrm{l}} = -\sum_{j=1}^{M+N} \Gamma_j \left[\frac{v_j \sin(2\theta_j) - u_j \cos(2\theta_j)}{r_j^2} \right] \tag{2.63}$$

式中，θ_j 表示第 j 个涡元在极坐标中的位置。

2.3.6 柱体内部涡元处理方案

在数值计算中，由于对流和扩散的作用，在数值圆柱表面附近的涡元，在一个时间步内，其位移大于该涡元到柱体表面的距离，涡元的新位置落在圆柱内部。这是因为，在经典离散涡方法中，边界上无穿透条件是通过流函数满足圆柱的流线性来实现的，数值圆周对涡元无阻拦作用。因此在对流和扩散的作用下，有小部分涡元会穿透数值圆柱表面进入柱体内部，导致柱体内部涡量不为零。然而实际的圆柱绕流没有流体进入内部，为了数值仿真和实际情况一致，这些涡元通常采用不同的处理方式。在离散涡方法提出的初期，采用反弹法[4]处理边界上的涡元：在一个时间步内，涡元运动到圆柱表面，直接从柱体表面反弹回流场中，避免涡元进入柱体内部。但该方法的计算精度较低，最终逐渐被淘汰。随着离散方法的不断改进，出现了另一种处理方式，即直接消除内部涡元[5,6]，丢失的涡量在下一时刻得到补偿。这样既能保证圆柱内部的涡量为零，同时也保证了总的涡量守恒。消去柱体内部涡元的方案如图 2.2 所示。为了更清晰地展示涡元处理过程，在图中采用单个涡元进行演示。从图中看出，一个带有环量的涡元在对流和扩散作用下进入柱体内部，通过直接删涡元的处理方案，保证了柱体内部环量为零，也使得丢失的涡量在下一时刻得到补偿。

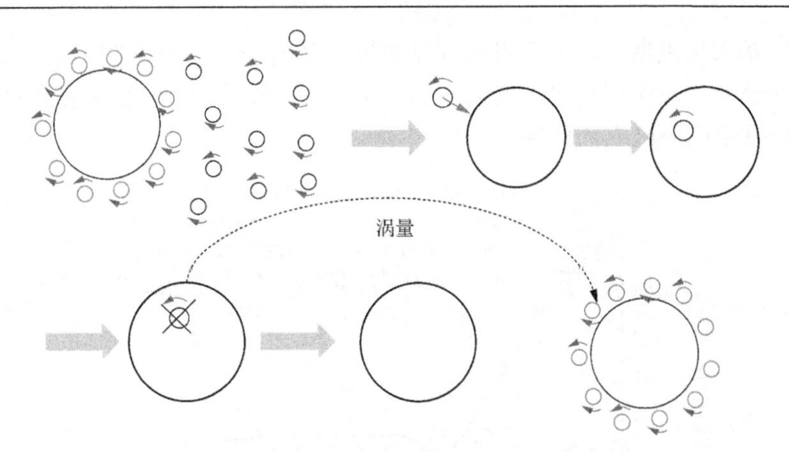

图 2.2　柱体内涡元的处理方案(先前的方法)

2.4　离散涡法存在的缺陷

虽然经典离散涡法具有系统的科学理论和完整的计算步骤，但是查阅大量的文献发现：该方法仍然存在一些缺陷，比如计算精度较低和计算范围有局限性。采用离散涡法进行雷诺数为 2×10^4 的单圆柱绕流计算，获得的表面脉动压力的分布如图 2.3 所示。从图中观察到脉动压力不具有对称性，这与郭明旻[7]的实验结果有较大的误差。

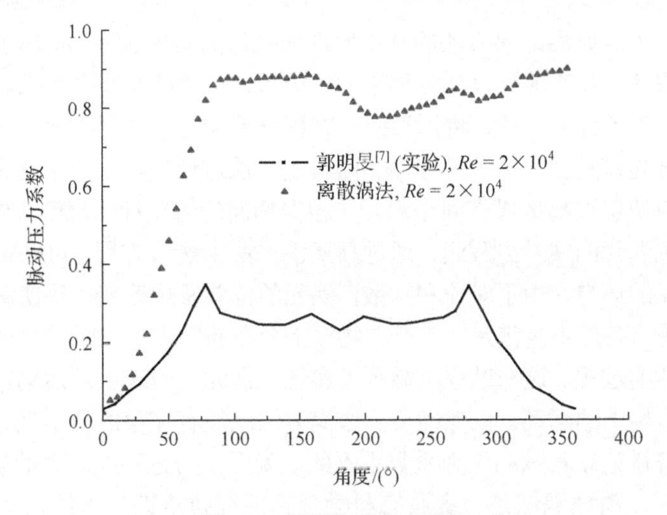

图 2.3　表面脉动压力系数

同样采用离散涡法计算雷诺数为 1×10^5 的单圆柱绕流的表面压力系数，计算结果如图 2.4 所示。从图中可看出，Mustto 等(DVM)[8]、Guedes 等[9]及 Spalart 和

Leonard[2]都采用离散涡法，三者的计算结果与 Blevins 和 Iwan[10]实验的结果都存在较大的差异，最大相对误差达到 52%。这表明，离散涡方法仍然存在计算精度较低和计算范围局限性的问题。

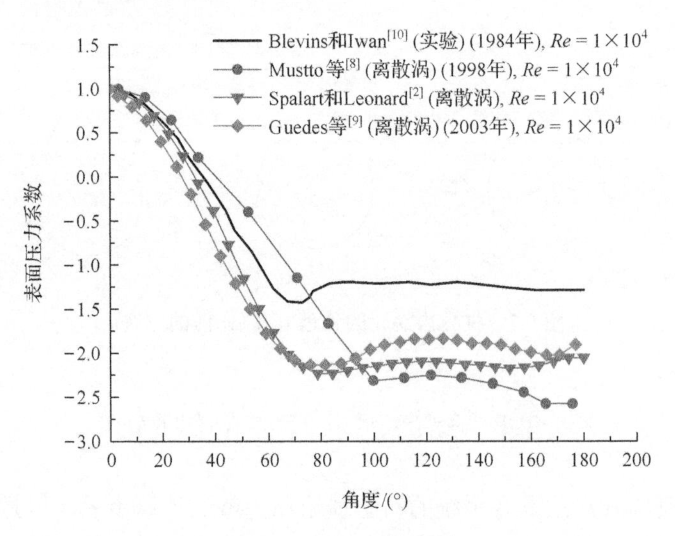

图 2.4　表面压力系数

2.5　小　　结

本章介绍了经典离散涡方法的基本原理和数值的实现过程，指出了经典离散涡法存在的缺陷性。为了避免 N-S 方程中的压力项，通过对 N-S 方程求旋获得涡量控制方程，根据算子分裂方法，将涡量控制方程分裂为对流项和扩散项。对流项的解由 Biot-Savart 定理得到，扩散部分采用随机走位法近似模拟。圆柱表面用有限个控制点代替，剪切层被离散成有限个涡元。根据物面的流线性和流函数的可叠加性，建立产生新生涡元的线性方程组。通过高斯消去法求解该方程，可获得满足物面条件的新生涡元的环量。由于对流和扩散，涡元的位置发生改变，致使涡量场也发生改变，导致物面条件不再满足，需要在物面上分布新的涡元来满足物面条件。由此形成一个循环的过程。这一过程从微观上实现了涡元在流场中的运动，从宏观上体现漩涡在涡量场中的运动。虽然经典离散涡方法已经有完整的科学理论，然而根据目前的文献资料记载其脉动压力系数不收敛，表面压力也存在较大的误差。

研究表明，离散涡法是一套具有科学理论的纯拉格朗日方法，其计算程序具有完整性和系统性。离散涡方法的计算精度有待提高，应用范围有待拓展。

参考文献

[1] Chorin A J, Benard P S. Discretization of a hydrodynamic by the method of point vortices[J]. Journal of Computational Physics, 1973, 13: 423-429.

[2] Spalart P R, Leonard A. Computation of separated flows by a vortex-tracing algorithm[C]//14th Fluid and Plasma Dynamics Conference, Palo Alto, 1981.

[3] Quartapelle L, Napolitano M. Force and moment in incompressible flows[J]. AIAA Journal, 1983, 21 (6) : 911-913.

[4] Chorin A J. Vortex sheet approximation of bourdary layers [J]. Journal of Computational Physics, 1978, 27: 428-442.

[5] Sharman B, Lien F S, Davidson L. Numerical predictions of low Reynolds number flows over two tandem circular cylinders[J]. International Journal for Numerical Methods in Fluids, 2005, 47 (5) : 423-447.

[6] Ding H, Shu C, Yeo K S. Numerical simulation of flows around two circular cylinders by mesh - free least square based finite difference methods[J]. International Journal for Numerical Methods in Fluids, 2007, 53 (2) : 305-332.

[7] 郭明旻. 双圆柱表面压力分布的同步测量及脉动气动力特性[D]. 上海: 复旦大学, 2005.

[8] Mustto A A, Bodstein G CR, Hirata M H. Vortex method simulation of the flow around a circular cylinder[J]. AIAA Journal, 2000, 38 (6) : 1100-1102.

[9] Guedes V G, Bodstein G C R, Hirata M H. Comparative analysis of vortex method simulations of the flow around a circular cylinder using a source panel method and the circle theorem[C]// 17th International Congress Mechanical Engineering, San Paulo, 2003, 4: 10-14.

[10] Blevins R D, Iwan W D. A model for vortex induced oscillation of structures[J]. Journal of Applied Mechanics, 1974, 41(3): 581-586.

第3章　IVCBC涡方法

3.1　引　　言

本章针对经典离散涡法中存在计算精度低和计算范围较小的缺陷，分析了离散涡法中处理圆柱内部涡元的方案，指出该方案存在的问题；基于圆周定理和镜像法[1]，提出了处理圆柱内部涡元的新方案，将新的处理方案引入离散涡方法中，建立了IVCBC涡方法；采用该方法计算了五个经典圆柱绕流的算例，并将计算结果与实验结果进行了比较，验证了离散涡法改进后的收敛性和可靠性。

3.2　离散涡法的改进

本节分析了经典离散涡法处理圆柱内部涡元的方案，指出了该方案存在的缺陷；提出了一种基于圆周定理和镜像法处理圆柱内部涡元的新方案。

3.2.1　柱体内部涡元处理方案的缺陷

在经典离散涡法中，圆柱内部涡元直接被删除，这些涡元的涡量在下一时刻获得补偿。这种处理方案保证了圆柱内部的涡量为零，同时也保证了总的涡量守恒。然而，直接消除柱体内的涡元，改变了这一时刻涡量场的分布，根据圆周定理，柱体表面的流线性直接被破坏。在基于涡量-流函数的经典离散涡方法中，数值表面的流线性是建立新生涡元方程组的充要条件，若不能保证圆柱表面的流线性，势必增大新生涡元环量的数值计算误差，这必然导致数值计算结果产生较大的差异。这表明，直接删除柱体内部涡元的处理方案是导致离散涡法计算精度较低的主要原因之一。

同时，这些删除的涡元的涡量在下一时间步中获得补偿，这样的处理会人为地增加或者减少下一时间步的涡量，这没能保证下一个时间步内，所有涡元的涡量为零，即瞬时涡量守恒未能得到保证。这使得涡量在计算中累积，增加了新生涡元环量的数值计算误差，同时也导致了脉动压力分布不具有对称性，计算结果与实验结果存在较大的差异。这表明，下一时间步补偿涡量的处理方案也是导致计算结果产生较大的误差的原因之一。

3.2.2　边界涡处理的新方案

针对经典离散涡法中柱体内部涡元的处理方案存在的缺陷，本章提出了一种新的处理内部涡元的方案。由于对流和扩散部分涡元进入圆柱内部，这些进入圆柱的涡元不再直接被删除，如图 3.1 所示。为了保证圆柱内部涡量为零，假设在柱体内部涡元的位置处引入一新的涡元，两个涡元的环量大小相等方向相反，这样两个涡元对涡量场中的其他涡元的诱导作用相互抵消，也保证了柱体内部涡量为零。由于在内部引入新的涡元，破坏了圆柱表面的数值流线性。为了保证圆柱表面的流线性，根据圆周定理和镜像法，必须在该涡元的映射点处引入另一涡元，这两个涡元的环量大小相等方向相反，这样才能确保圆周表面的流线性不被破坏。这种处理方案不仅保证了圆柱内部涡量为零和圆柱表面的流线性，还保证了瞬时涡量守恒和总的涡量守恒。具体描述如图 3.2 所示。

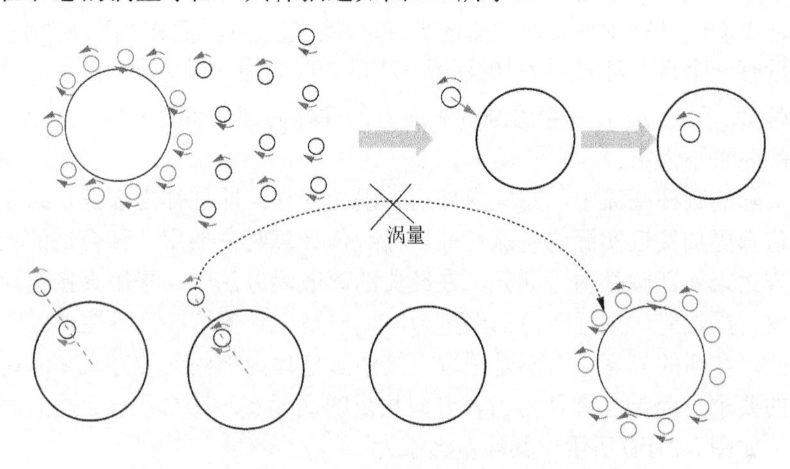

图 3.1　壁面涡进入柱体新的处理方案(目前的方法)

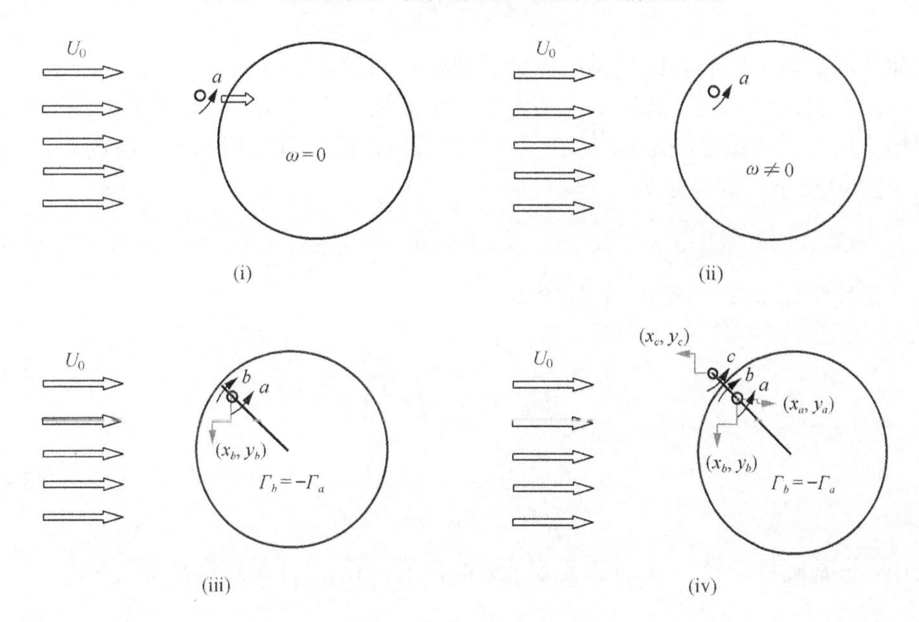

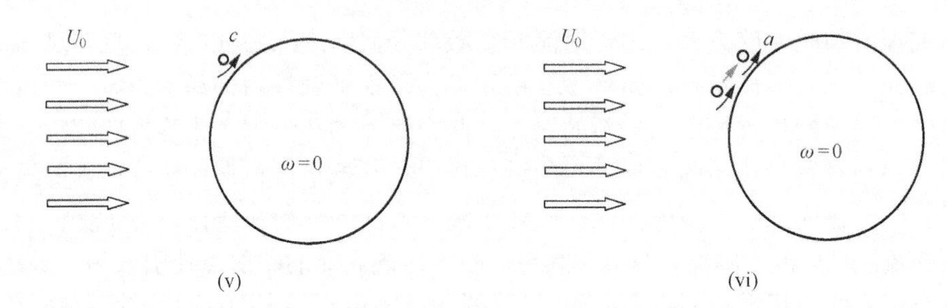

图 3.2　涡元进入柱体内部的新的处理方案

为了清晰地给出新方案处理柱体内部涡元的过程，在本节中仅采用一个涡元穿透圆柱表面的过程来展示新方案的处理流程。图 3.2(i)展示了在t时刻一个圆柱表面附近有一个带有环量为Γ_a的涡元，环量方向为逆时针方向。由于对流和扩散运动，涡元a在$t+\Delta t$时刻穿透圆柱表面进入柱体内部，如图 3.2(ii)所示，导致圆柱内部的环量不为零。

在实际的圆柱绕流中，圆柱内部没有涡元存在，即柱体内部涡量为零。为了让数值仿真更加接近实际的绕流特征，在数值计算时需要用一种合适的处理内部涡元的方案来保证圆柱内无涡元。在经典的离散涡方法中，采用直接消除内部涡元的方案，虽然能达到柱体内部涡量为零，但是会导致圆柱流线性被破坏。

为此，在新的方案中，不是采取直接消除柱体内部涡元的方案来满足内部涡量为零的要求，而是在圆柱内引入方向相反的涡元b，其位置与穿透的涡元的位置一致，如图 3.2(iii)所示，其环量大小为

$$\Gamma_b = -\Gamma_a \tag{3.1}$$

由此抵消了该点处涡元的环量，保证了圆柱内涡量为零。

由于引入的涡元b破坏了圆柱表面的流线性，为了保证圆柱表面的流线性，根据圆周定理和镜像法原理[1]，在涡元b的镜像点的位置处引入另一新涡元c，如图 3.2(iv)所示，其环量为

$$\Gamma_c = -\Gamma_b \tag{3.2}$$

根据圆周定理，涡元c的位置为

$$x_c = \frac{r^2}{\sqrt{{x_b}^2 + {y_b}^2}} \frac{x_b}{\sqrt{{x_b}^2 + {y_b}^2}} \tag{3.3}$$

$$y_c = \frac{r^2}{\sqrt{{x_b}^2 + {y_b}^2}} \frac{y_b}{\sqrt{{x_b}^2 + {y_b}^2}} \tag{3.4}$$

式中，r是圆柱半径；(x_c, y_c)是涡元c的位置；(x_b, y_b)是点涡b的位置。

由于涡元b的位置与涡元a的位置相同，那么式(3.3)和式(3.4)能被写成下面形式：

$$x_c = \frac{r^2}{\sqrt{{x_a}^2 + {y_a}^2}} \frac{x_a}{\sqrt{{x_a}^2 + {y_a}^2}} \tag{3.5}$$

$$y_c = \frac{r^2}{\sqrt{{x_a}^2 + {y_a}^2}} \frac{y_a}{\sqrt{{x_a}^2 + {y_a}^2}} \tag{3.6}$$

式中，(x_a, y_a)是涡元a的位置。

由此在圆柱内部涡元的环量为零，即涡元b和涡元a对涡量场中其他涡元的诱导作用相互抵消，也就是涡元b和涡元a对其他涡元不再产生影响。这样在数值计算中仅有涡元c参与计算，如图 3.2(v)所示。同时涡元c的环量与涡元a的环量方向相同大小相等，由此可得到

$$\Gamma_c = \Gamma_a \tag{3.7}$$

根据柱体内部涡元的处理过程，涡元a穿透壁面的过程可视为涡元a由于对流和扩散的作用，由t时刻到$t+\Delta t$时刻，涡元a从图 3.2(i)中涡元a的位置运动到图 3.2(vi)中涡元c的位置。这个过程能近似地模拟真实的流体运动过程。在新方案中，引入涡元b和涡元c，克服了涡元a对圆柱表面流线性的破坏，即没有涡量消失和生成，克服了先前离散涡方法中存在的不足。柱体内部涡元的新处理方案不仅保证了瞬时涡量的守恒和总的涡量守恒，还确保了圆柱体内部的涡量为零和圆柱表面流线性不受破坏。融入满足边界瞬时涡量守恒方案的离散涡方法被称为 IVCBC 涡方法[2, 3]。

3.2.3 IVCBC 涡方法的计算流程

图 3.3 给出了改进之后离散法的计算流程图。

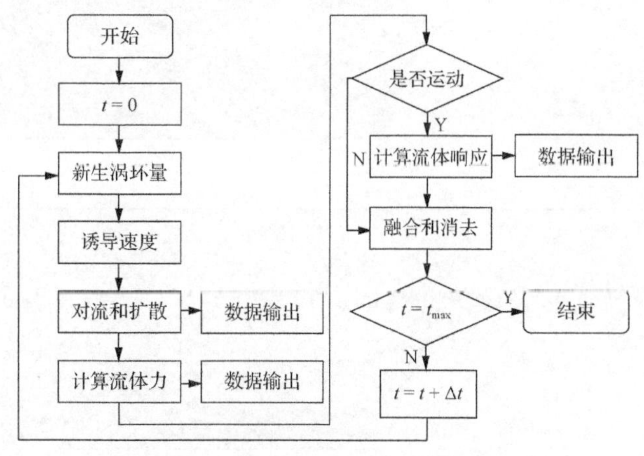

图 3.3　IVCBC 涡方法的计算流程图

3.3 方法验证

3.3.1 收敛性验证

为了验证 IVCBC 涡方法的收敛性，本节进行了圆柱绕流的数值计算。基于不同的时间步长和不同的涡元数目，探索了单圆柱绕流的流线和压力系数分布的特点。根据黏性流体的涡量传输的特点，由涡核半径决定涡元的初始位置。涡核半径与传统的离散涡法中的涡核一样(Yamamoto 等[4]、Lam 等[5])，即 $\varepsilon(r)=c\sqrt{\nu dt}$，在其中 $c=2$ 为修正值；同时根据 Lam 等[6]建议(时间步长为 0.05～0.1)，选择时间步长为 $\Delta t=0.05$ 和 $\Delta t=0.1$，新生涡的数量为三种 $N=128$、$N=64$ 和 $N=32$，由此构成六种计算参数组合。

为了与实验结果相比较，选择雷诺数为 $Re=9.5\times10^3$，计算的时间长度为 $t=5$。图 3.4 给出了六组组合的计算结果，同时 Loc 和 Bouard[7]的可视化实验结果也展示在其中。从图中观察到，在六种组合中以涡数为 128，时间步长为 $\Delta t=0.05$ 为计算参数获得的流线分布更接近实验结果。这说明时间步长越小涡数越多，计算结果越精确。这与涡数越多越能代表边界层，时间步长越短则数值误差越小的理论是一致的，由此表明该方法是收敛的。然而另一个现象，以涡数为 64、时间步长为 0.05 为计算参数获得的流线分布比涡数为 64、时间步长为 0.1 为计算参数获得的流线分布差。这说明涡数较小时，计算的精度不一定遵守时间步长越短数值误差越小的结论。也可认为在新生涡数较少的条件下，时间步长越小，带来的计算误差也许会更大，在 Mustto 等[8]的文章中也体现了这个一点。

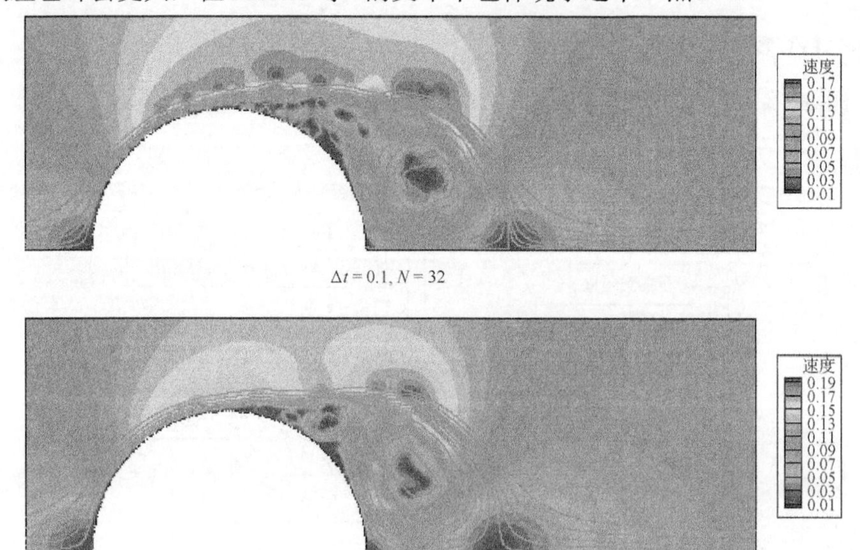

$\Delta t=0.1,\ N=32$

$\Delta t=0.05,\ N=32$

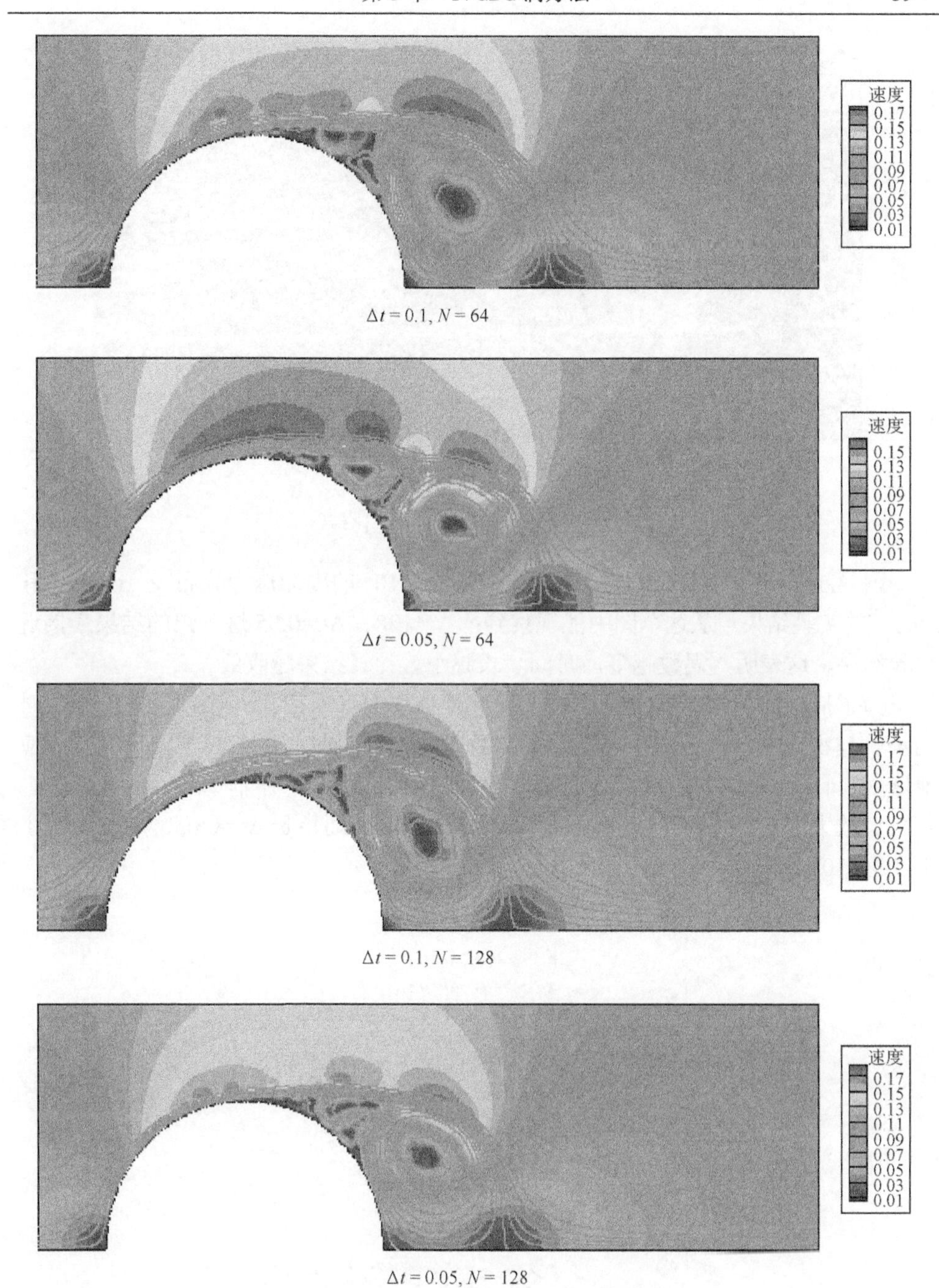

$\Delta t = 0.1, N = 64$

$\Delta t = 0.05, N = 64$

$\Delta t = 0.1, N = 128$

$\Delta t = 0.05, N = 128$

(a) $Re = 9.5\times10^3, \Delta t = 0.1, \Delta t = 0.05$ 和 $t = 5$的流线

(b) Loc和Bouard[7]的实验结果 ($Re = 9.5\times10^3$, $t = 5$)

图 3.4 绕流流线的可视化比较

图 3.5 给出了六种组合在雷诺数为 $Re=1\times10^5$ 的表面压力分布及 Blevins 和 Iwan[9]的实验结果。从这个图中能观察到：$N=128$、$\Delta t=0.05$ 这一组的结果最接近实验结果。这表明，涡数越多，时间步长越小，计算结果越收敛。

为了捕捉到高雷诺数下较小的涡旋，柱体表面分布的涡元数目越多越好，时间步长越小计算精度越高。然而涡元数目越大，计算时间步长越小，计算量相应地增大，计算效率较低。综合考虑计算效率和计算精度，在本章之后的算例中，若雷诺数大于 5.5×10^4，数值计算的涡数为 128，时间步长 $\Delta t=0.05$。若雷诺数小于 5.5×10^4，涡数为 64，时间步长 $\Delta t=0.05$。

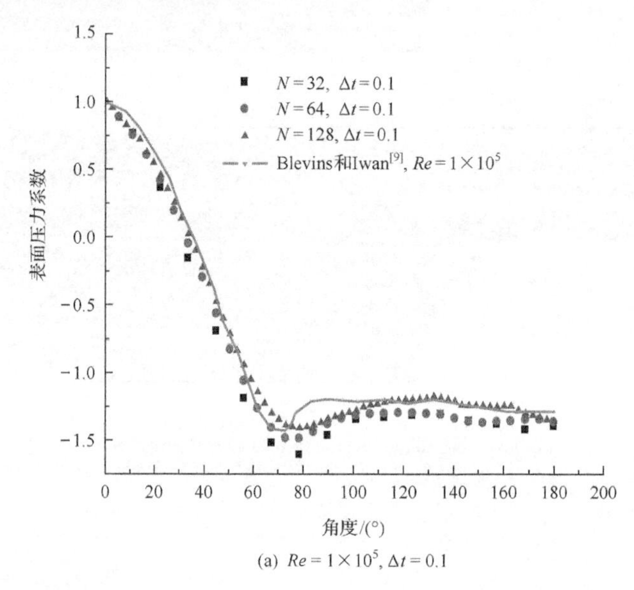

(a) $Re = 1\times10^5$, $\Delta t = 0.1$

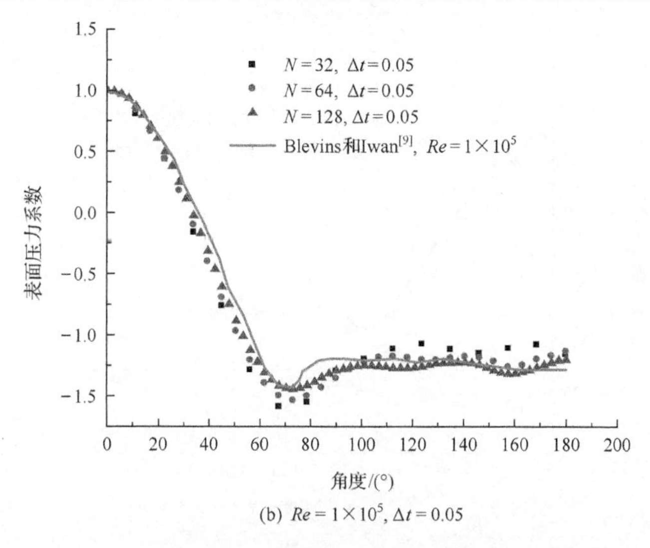

(b) $Re=1\times10^5, \Delta t=0.05$

图 3.5　平均压力系数($Re=1\times10^5$，$\Delta t=0.1$，0.05)

3.3.2　表面压力系数

图3.6中给出了雷诺数$Re=5.5\times10^4$和$Re=1\times10^5$时单圆柱绕流的表面压力系数分布。为了进行比较，先前的实验结果和数值计算结果也展示在图中。IVCBC涡方法计算的结果和 Spalart 和 Leonard[10]的经典离散涡法计算结果都与实验结果进行了比较，从图 3.6(a)中看出，IVCBC 涡方法的计算结果更接近 Alam 等[11]的实验结果，其表面压力系数的最大相对误差仅为 5%。分离点的位置发生在 76°，这与实验结果相吻合。

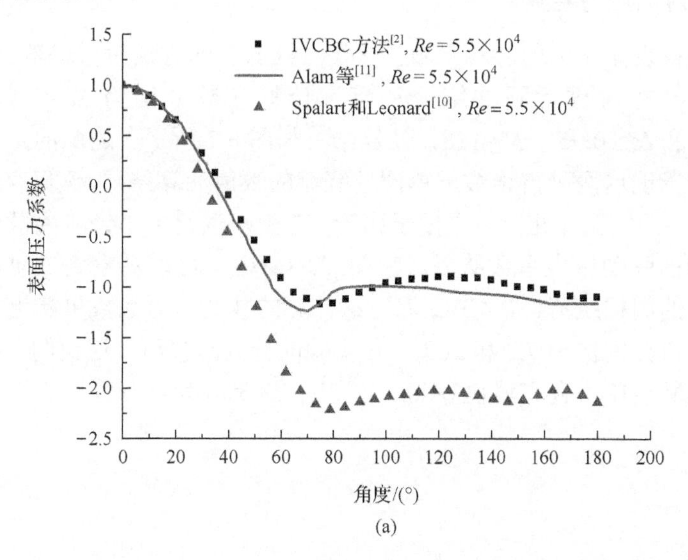

(a)

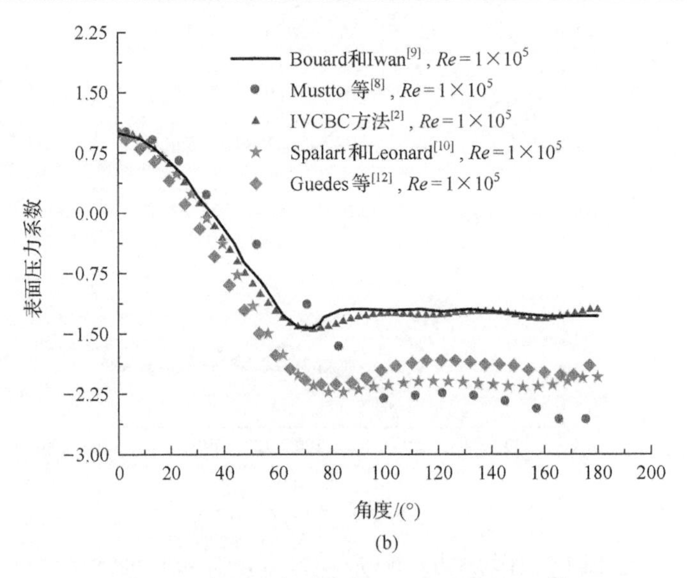

(b)

图 3.6　表面压力系数（Re =5.5×10^4，1×10^5）

在图 3.6(b)给出了雷诺数 Re=1×10^5 的单圆柱绕流的平均表面压力系数。Blevins 和 Iwan[9]的实验结果和经典离散涡法的数值计算结果也展示在图中。从图 3.6 中观察到 IVCBC 涡方法计算的表面压力分布与实验结果吻合地较好，最大误差大约为 10.5%，分离点的位置接近实验结果。Mustto 等[8]、Spalart 和 Leonard[10]和 Guedes 等[12]的计算结果与实验结果有较大误差。这表明引入新方案的离散涡方法对表面压力的数值计算精度有较大的提高。

3.3.3　表面脉动压力系数

为了获得表面压力的脉动系数，采用 IVCBC 涡方法对雷诺数 Re=2.0×10^4 和 Re =5.5×10^4 时进行圆柱绕流计算，计算参数分别为 Δt =0.1、N =64、Re=2×10^4 和 Δt =0.05、N=128，计算结果如图 3.7 所示。遗憾的是，在现有的文献中未能发现这两种雷诺数下单圆柱绕流的数值计算结果，仅仅存在郭明旻[13]和 Alam 等[11]的实验结果。为了便于比较，在图中也给出了经典离散涡法在相同条件下获得的脉动压力系数结果。从图 3.7(a)中，可以观察到，对于雷诺数为 Re=2×10^4 的圆柱绕流，IVCBC 涡方法计算的脉动压力系数更接近实验结果，曲线的两峰值分别位于 72°和 289°，与实验的分离点接近。这说明，在剪切层的分离点附近脉动压力存在峰值(Alam 等[11])，这是因为在分离点附近表面压力波动性较强。

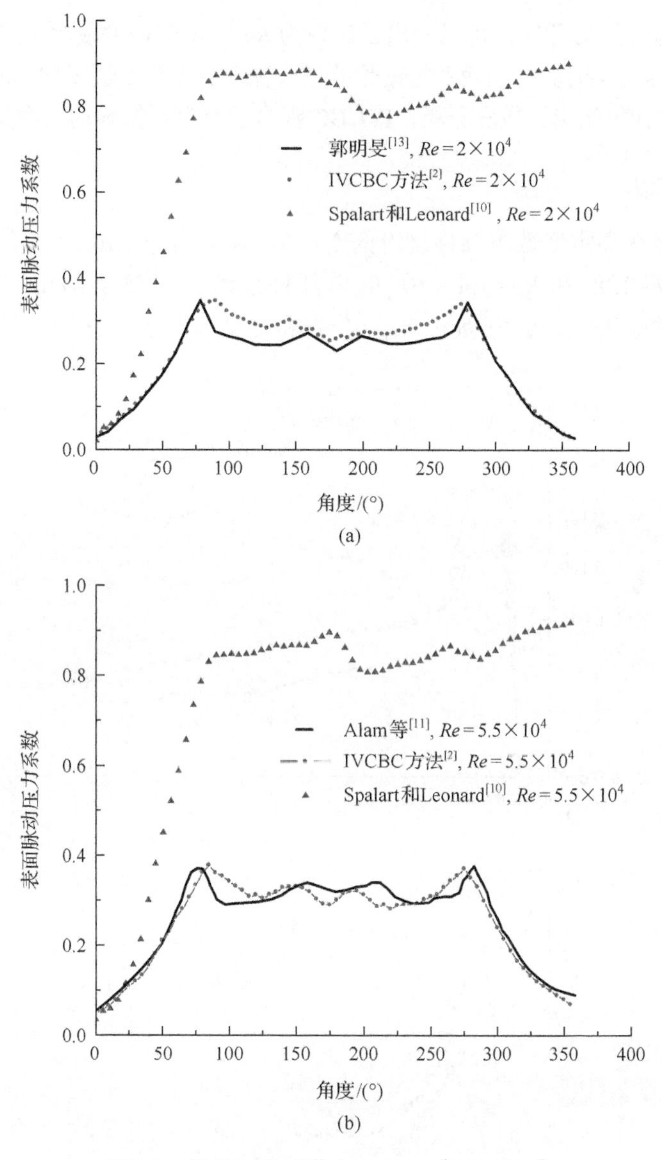

图 3.7　脉动压力系数(Re =2×10^4，5.5×10^4)

图 3.7(b)给出了雷诺数 Re=5.5×10^4 圆柱绕流的脉动压力分布，其分布几乎与实验结果一致。从图 3.7(a)与图 3.7(b)中可观察到经典离散涡方法计算的脉动压力系数比实际的计算结果大很多，而且越来越偏离实验结果。这说明经典的离散涡方法采用消除进入圆柱的涡元，涡元涡量在下一步得到补偿的方案，没有遵守瞬时涡量守恒，导致计算过程中新生涡元的涡量值误差较大，从而导致了圆柱表面涡元环量的波动性增大，因而表现出脉动压力系数的偏离较大。根据两种雷

诺数计算的脉动压力分布，可以看出雷诺数为 $Re=5.5\times10^4$ 的脉动压力系数略高于 $Re=2\times10^4$。这与实验获得的随着雷诺数的增大脉动压力系数值将增加的结论是一致的。基于上述计算结果比较和分析，IVCBC 涡方法具有计算脉动压力系数的能力。

3.3.4 雷诺应力

为了获得在高雷诺数下圆柱绕流的雷诺应力，运用 IVCBC 涡方法计算参数为 $\Delta t=0.05$，$N=128$ 和 $Re=1.4\times10^5$ 的单圆柱绕流。图 3.8 给出了沿着对称线（$Y/D=0$）的顺流雷诺应力（$u'u'/U_0^2$）分布和交叉流雷诺应力（$v'v'/U_0^2$）分布图。

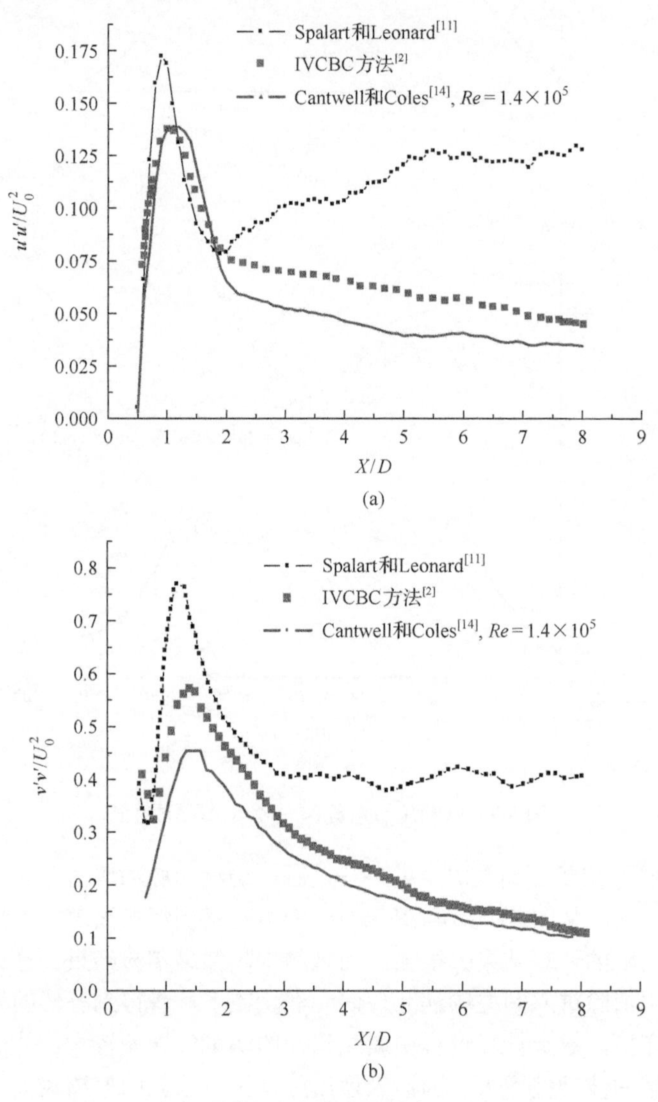

图 3.8　流向雷诺应力和横向雷诺应力（$Y/D=0$）

从图中看出，该方法获得的计算结果中出现的峰值与实验获得的峰值几乎在同一个位置；计算结果后部的趋势与实验结果相近。而经典离散涡方法计算的雷诺应力趋势在尾流较远的地方偏离实验结果。这种偏离是由于瞬时涡量不守恒，新生涡元的涡量误差偏大，当这些涡元进入尾流中，影响了涡量场的分布，导致雷诺应力存在较大误差。

3.3.5　升力系数和阻力系数

为了进一步验证 IVCBC 涡方法，对雷诺数为 $Re=5.5\times10^4$ 的圆柱绕流的升力和阻力系数进行了数值计算，并与实验结果进行了比较。图 3.9 给出了改进后的离散涡法计算的升力和阻力系数的时程图。从图 3.9 中看出，在 $t=15$ 时数值振荡期结束后，进入一个周期性变化的区域，升力系数幅值变化在–1.0～1.0，升力振动频率是阻力系数的频率的一半，这与实验结果一致。

表 3.1 给出了 IVCBC 涡方法的计算结果、Alam 等[11]的实验数据和 Spalart 和 Leonard[10]的计算结果。从表中看出，IVCBC 涡方法计算的阻力系数更接近实验结果，但稍微高于实验结果。这是因为高雷诺数下流体的三维效应比较明显，目前改进的方法中忽略了三维效应的影响，因此计算结果稍微高于实验结果。另外，脉动升力系数和脉动阻力系数与实验结果几乎是一样的。由此表明引入新的处理柱体内部涡元的方案后，离散涡法极大地提高了计算升力和阻力的精度。

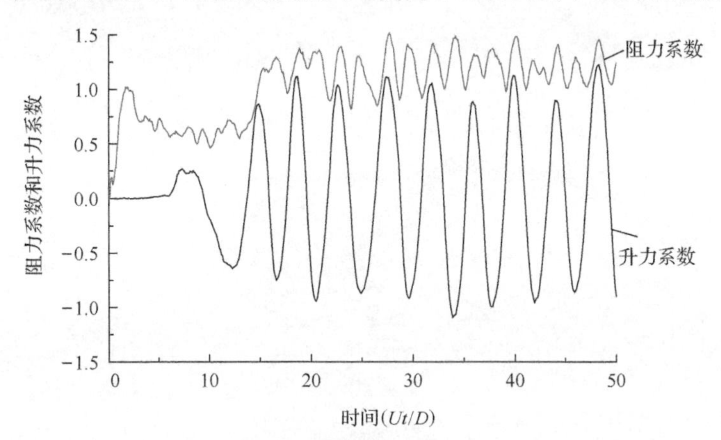

图 3.9　升力系数和阻力系数的时程分布($Re=5.5\times10^4$，$\Delta t=0.05$，$N=128$)

表 3.1　流体力系数的比较

研究者	雷诺数	阻力系数	脉动阻力系数	脉动升力系数
Alam 等[11]	5.5×10^4	1.16	0.14	0.48
Spalart 和 Lenard[10]	5.5×10^4	1.4989	—	—
Present	5.5×10^4	1.2061	0.1477	0.4844

3.3.6　尾流模型

为了展示在高雷诺数下单圆柱绕流的尾流特征，进行了雷诺数 $Re=9.5\times10^3$ 下的单圆柱绕流仿真，其计算参数为 $N=128$、$\Delta t=0.05$。图 3.10 分别给出了时间为 $t=1.6$、$t=2.8$、$t=4$、$t=20$ 和 $t=200$ 的尾流涡动轮廓图，从图中可以清晰地观察到旋涡的形成和脱落以及尾流中旋涡的运动。由于涡元在圆柱表面不断地生成，涡元之间的相互诱导作用更加强烈，导致在柱体表面附近，涡元的运动越来越剧烈。当涡元的运动速度达到一定的程度时，涡元就会在柱体上下表面周期性地脱落，形成一对对运动方向相反的旋涡。漩涡与漩涡之间由细长的涡街相连，这就是著名的冯卡门涡街。

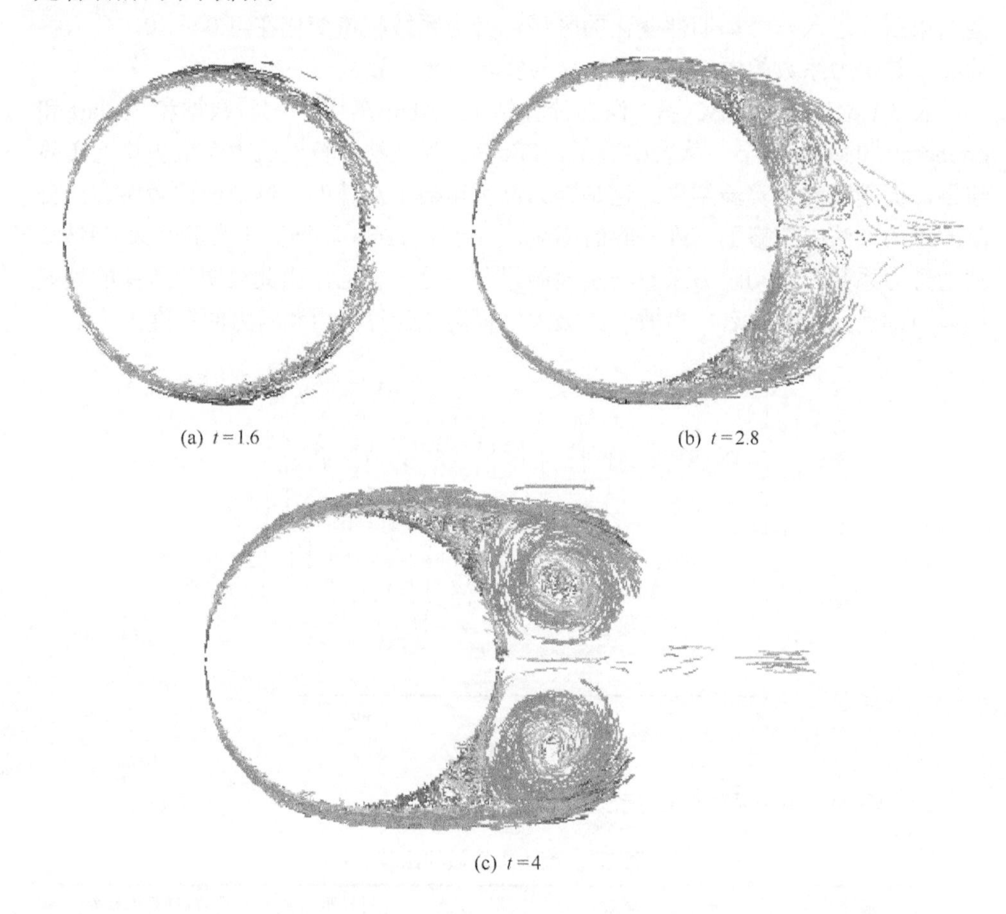

(a) $t=1.6$　　(b) $t=2.8$

(c) $t=4$

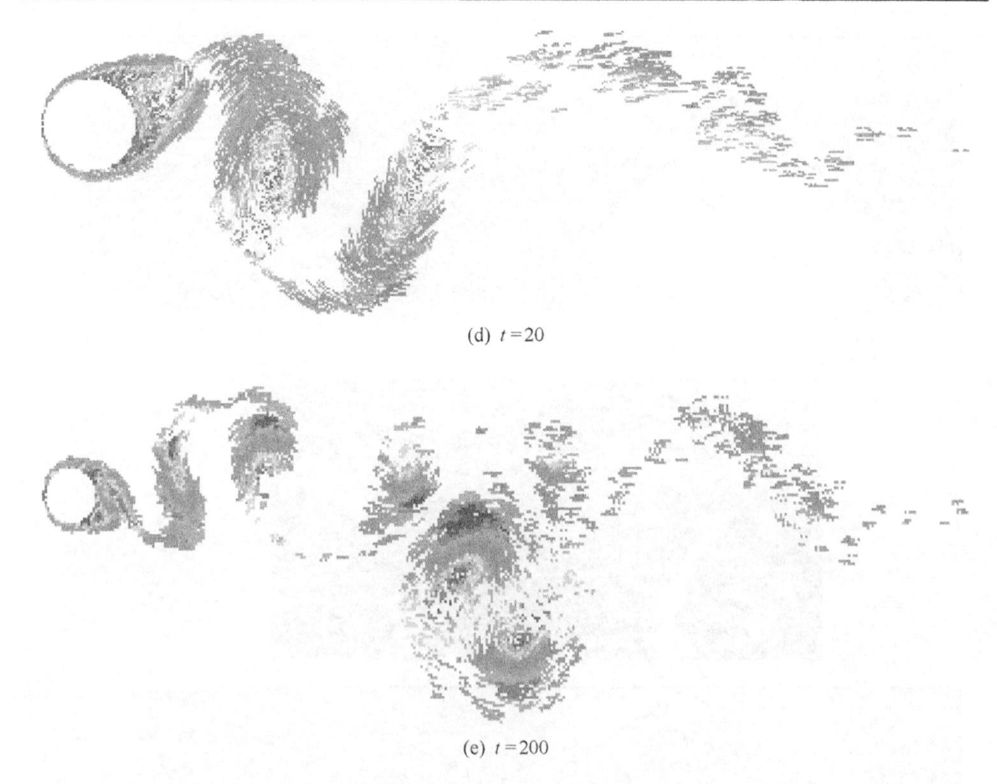

(d) $t=20$

(e) $t=200$

图 3.10　瞬时涡流轮廓图(Re=9.5×10^3，N=128，Δt=0.05)

图 3.11 给出了 Loc 和 Bouard[7]做过的一个经典柱体突然启动绕流的实验结果和 IVCBC 涡方法计算的结果，给出了时间分别为t=1.6、t=2.8 和t=4 时的流线图。从图中看出，在这个三个时刻的流线几乎与实验结果一致，特别是在t=4 时，在圆柱中心线偏右的上下角落能清晰地展示较小的涡对，这与实验结果相吻合。这说明：在可视化的尾流模型中，IVCBC 涡方法能很好地展示涡元的运动和旋涡的动态特征，特别是较小涡元的运动状态也能清晰地展示。这表明 IVCBC 涡方法能很好地模拟尾流中漩涡的形成、发展和变化。

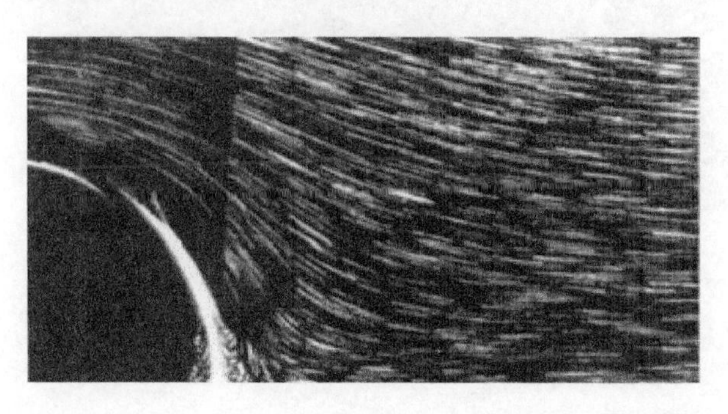

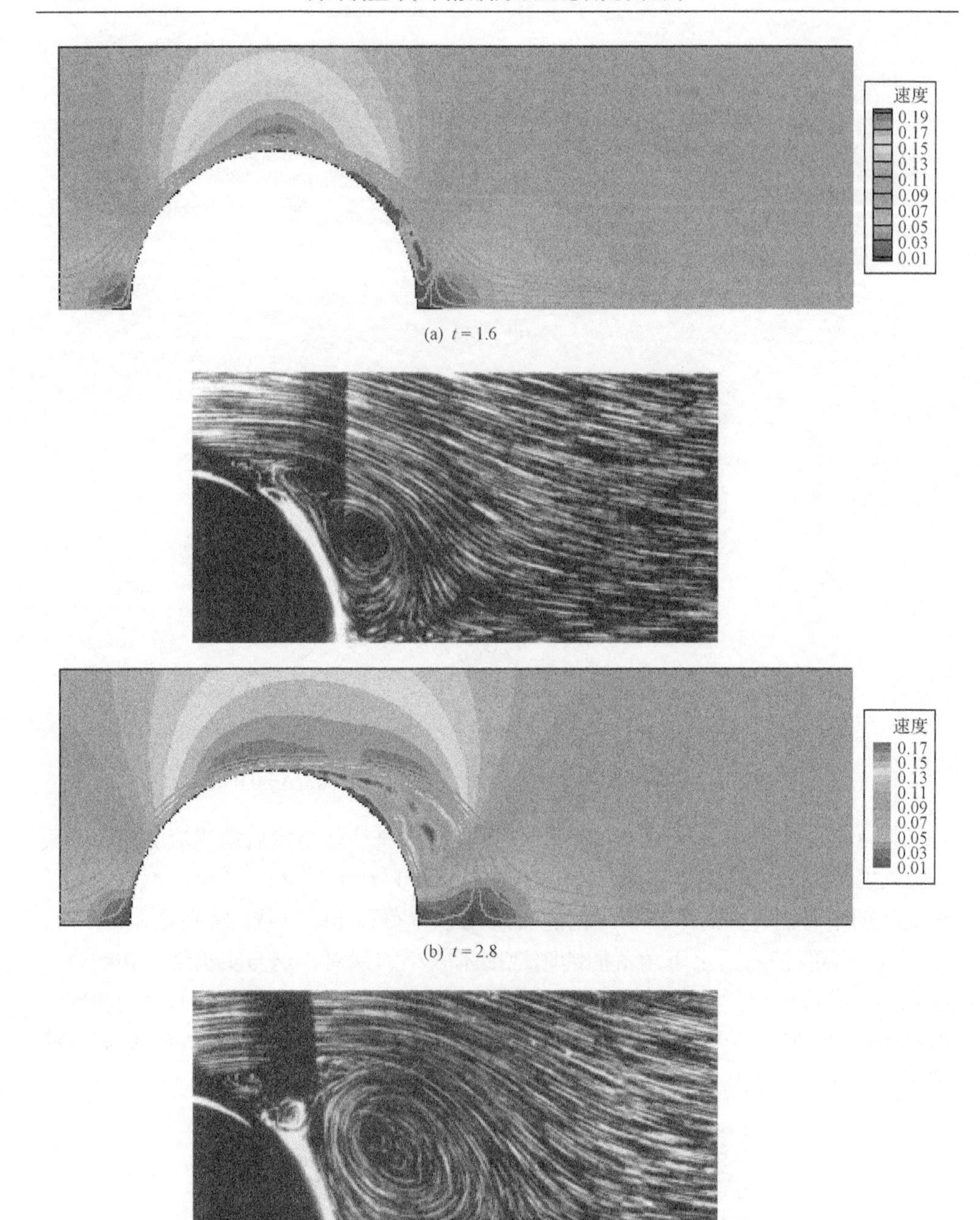
速度
0.19
0.17
0.15
0.13
0.11
0.09
0.07
0.05
0.03
0.01
速度
0.17
0.15
0.13
0.11
0.09
0.07
0.05
0.03
0.01

(a) $t=1.6$

(b) $t=2.8$

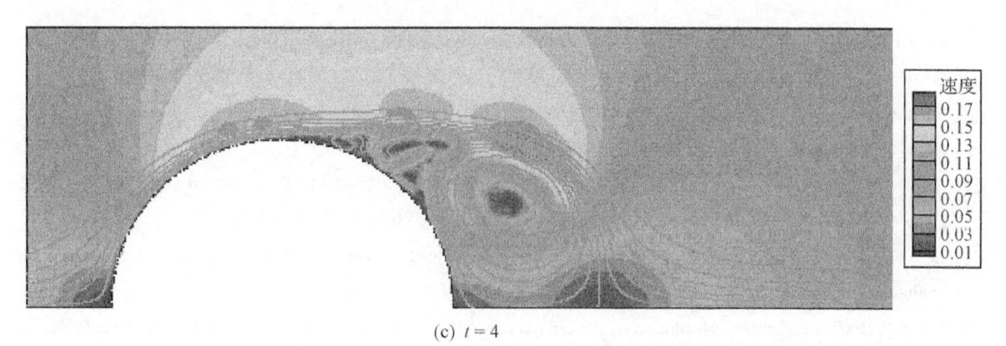

(c) $t = 4$

图 3.11　实验可视化和涡动流线(Re=9.5×10^3，N=128，Δt=0.05)

3.4　小　　结

本章分析了离散涡法中直接删除进入圆柱内涡元的方案，指出了该处理方案存在的不足，提出了一种新的处理方案。根据圆周定理，在柱体内涡元的位置处和镜像位置处引入新的涡元，达到了消除柱体内部涡元的诱导作用。为了验证引入新方案的离散涡方法(IVCBC 涡方法)的收敛性和可靠性，对不同的雷诺数、不同的时间步长和不同的涡数进行圆柱绕流计算；对突然启动圆柱绕流经典的例子进行数值仿真，并将计算的结果与实验结果进行了比较。

研究表明：

(1)基于圆周定理和镜像法的新方案不仅保证了圆柱内部涡量为零和数值圆周表面的流线性，同时保证了瞬时涡量守恒和总的涡量守恒。

(2)不同的时间步长和不同涡数的计算结果表明，涡数越多，时间步长越短，IVCBC 方法计算精度越高，这证明了 IVCBC 涡方法具有良好的收敛性。

(3)计算最大误差减少到 10%左右，这表明，计算精度得到极大的提高；计算脉动压力与实验值吻合地较好，这表明 IVCBC 方法拓展了经典离散涡法的计算范围；突然启动圆柱绕流的计算结果与经典算例结果吻合地较好，这表明 IVCBC 涡方法能较好地展示漩涡的形成、发展和运动过程。由此表明 IVCBC 涡方法具有较精确地探索圆柱绕流的能力，为进一步研究多圆柱绕流的特征和立管的涡激振动奠定了基础。

参 考 文 献

[1] 吴望一. Fluid Mechanics[M]. 北京：北京大学出版社, 1985.

[2] Pang J H, Zong Z, Zou L, et al. A novel vortex scheme with instantaneous vorticity conserved boundary conditions (IVCBC)[J]. European Journal of Mechanics - B/Fluids, 2016, 59: 219-228.

[3] Pang J H, Zong Z. Improving discrete vortex method for investigation of the fluctuating forces acting on a circular cylinder at subcritical Reynolds number [C]// 第三届船舶与海洋工程CFD大会论文集, 2014: 268-275.

[4] Yamamoto C T, Meneghini J R, Saltara F, et al. Numerical simulations of vortex-induced vibration on flexible cylinders[J]. Journal of Fluids and Structures, 2004, 19(4): 467-489.

[5] Lam K, Jiang G D, Liu Y, et al. Grid - free surface vorticity method applied to flow induced vibration of flexible cylinders[J]. International Journal for Numerical Methods in Fluids, 2004, 46(3): 289-313.

[6] Lam K, Jiang G D, Liu Y, et al. Simulation of cross-flow-induced vibration of cylinder arrays by surface vorticity method[J]. Journal of Fluids and Structures, 2006, 22(8): 1113-1131.

[7] Loc T P, Bouard R. Numerical solution of the early stage of the unsteady viscous flow around a circular cylinder: A comparison with experimental visualization and measurements[J]. Journal of Fluid Mechanics, 1985, 160: 93-117.

[8] Mustto A A, Bodstein G C R, Hirata M H. Vortex method simulation of the flow around a circular cylinder[J]. AIAA Journal, 2000, 38(6): 1100-1102.

[9] Blevins R D, Iwan W D. A model for vortex induced oscillation of structures[J]. Journal of Applied Mechanics, 1974, 41(3): 581-586.

[10] Spalart P R, Leonard A. Computation of separated flows by a vortex-tracing algorithm[C]// 14th Fluid and Plasma Dynamics Conference, Palo Alto, 1981.

[11] Alam M M, Moriya M, Sakamoto H. Aerodynamic characteristics of two side-by-side circular cylinders and application of wavelet analysis on the switching phenomenon[J]. Journal of Fluids and Structures, 2003, 18(3): 325-346.

[12] Guedes V G, Bodstein G C R, Hirata M H. Comparative analysis of vortex method simulations of the flow around a circular cylinder using a source panel method and the circle theorem[C]// 17th International Congress Mechanical Engineering, San Paulo, 2003, 4: 10-14.

[13] 郭明旻. 双圆柱表面压力分布的同步测量及脉动气动力特性[D]. 上海: 复旦大学, 2005.

[14] Cantwell B, Coles D. An experimental study of entrainment and transport in the turbulent near wake of a circular cylinder[J]. Journal of Fluid Mechanics, 1983, 136: 321-374.

第 4 章　基于高雷诺数的并联双圆柱绕流研究

4.1　引　　言

本章采用离散涡方法，结合并联双圆柱的结构，建立了并联双圆柱绕流的计算模型；结合双圆周理论和保角变换，提出了处理双圆柱绕流中进入圆柱内点涡的新方案，获得了速度场的计算公式中圆柱外点涡的个数对双圆柱表面压力的影响非常小这一结论。为了减少计算量，采用 IVCBC 涡方法对并联和串联圆柱绕流进行了高雷诺数下的绕流研究；利用间隙中点诱导速度的方向与间隙流偏转方向同步的特征，提出一种区别宽、窄尾流的新方法；同时也探索了雷诺数为 $Re=6\times10^4$ 的并联双圆柱绕流，间隙率的范围 $T/D=1.1\sim7$ 时，两个圆柱的升力系数、阻力系数、脉动力系数、尾流模式及宽尾流和窄尾流的泄涡频率。

4.2　双圆柱绕流数模型和点涡进入柱体内的处理方法

双圆柱绕流中，处理内部的点涡不仅要考虑一个圆柱对点涡的影响，同时也要考虑另一个圆柱对点涡的影响。为此，首先采用保角变换建立了由双圆周到两同心圆的转换公式；其次提出处理点涡进入圆柱内的方法；最后分析柱体外放置点涡的数目对双圆周绕流的表面压力的影响。

4.2.1　数值模型

采用 IVCBC 涡方法，结合并联双圆柱的结构，建立了并联双圆柱绕流的数值计算模型。如图 4.1 所示，用 M 个数值点代表圆柱表面，这些点被称为控制点。在距离数值表面距离 $\varepsilon(\phi)=c\sqrt{\nu\Delta t}$（式中 $c=2$）处用另外 M 个涡元代表剪切层。

通过流函数的叠加性，获得数值表面的流函数，根据圆柱表面具有流线性的特点，建立产生新生涡元的方程组。根据涡元之间的相互作用，最终实现涡元的对流和扩散。

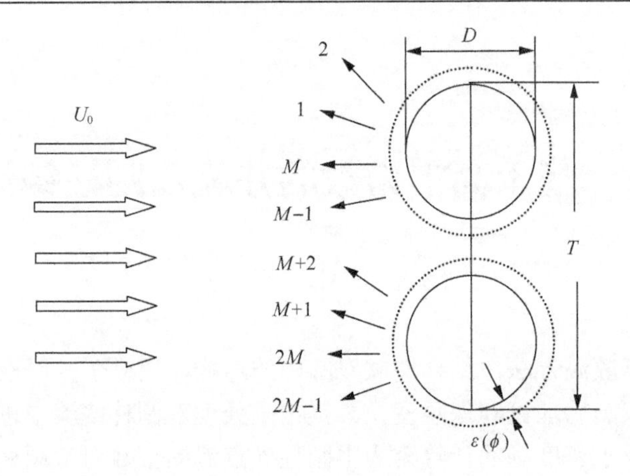

图 4.1　涡产生模型

根据平面点涡的性质，流函数的形式为

$$\psi = -\frac{\Gamma}{2\pi}\ln(r^2+\sigma^2) \tag{4.1}$$

根据流函数的可叠加性，第 k 个控制点处的流函数为

$$\begin{aligned}\psi_k = U_0 y_k &- \frac{1}{2\pi}\sum_{i=1}^{2M}\Gamma_i \ln[(x_k-x_i)^2+(y_k-y_i)^2+\sigma_i^2] \\ &- \frac{1}{2\pi}\sum_{j=1}^{N}\Gamma_j \ln[(x_k-x_j)^2+(y_k-y_j)^2+\sigma_j^2]\end{aligned} \tag{4.2}$$

式中，$2M$ 和 N 分别为新生涡元的数目和尾流场中涡元的数目。(x_i, y_i)、(x_j, y_j) 和 (x_k, y_k) 分别表示新生涡元、尾流中的涡元及控制点的位置坐标。

光滑的二维圆柱表面具有流线性，流函数的值在其表面处处相等。因此根据两个相邻控制点上的流函数，可建立如下方程：

$$\psi_{k+1} - \psi_k = 0 \tag{4.3}$$

由于 $2M$ 个控制点位于两圆柱的表面上，所以有 $2M$ 个方程，其中包含 $2M$ 个未知量，第 $2M+1$ 个方程代表涡量守恒。根据最小二乘法可获得一个线性方程组：

$$\boldsymbol{A}\boldsymbol{\Gamma}(t) \equiv \boldsymbol{B}(t) \tag{4.4}$$

式中

$$\boldsymbol{A} \equiv [a_{ki}]$$
$$a_{ki} = \frac{1}{4\pi} \ln \frac{(x_{k+1} - x_i)^2 + (y_{k+1} - y_i)^2 + \sigma_i^2}{(x_k - x_i)^2 + (y_k - y_i)^2 + \sigma_i^2} \tag{4.5}$$

矩阵 $\boldsymbol{B}(t)$ 为

$$\boldsymbol{B}(t) \equiv [b_k]$$
$$b_k = U_0(y_{k+1} - y_k) - \frac{1}{4\pi} \sum_{i=1}^{N} \varGamma_i \ln \frac{(x_{k+1} - x_i)^2 + (y_{k+1} - y_i)^2 + \sigma_i^2}{(x_k - x_i)^2 + (y_k - y_i)^2 + \sigma_i^2} \tag{4.6}$$

其中，$\varGamma_i$ 为尾流中涡元的强度，通过高斯消元法获得方程组的解。

根据所有涡元的强度和位置，获得每个圆柱受到的升力和阻力，其计算公式如下：

$$c_{\mathrm{d}} = \sum_{j=1}^{N_v} \varGamma_j \left[\frac{u_j \sin(2\theta_j) - v_j \cos(2\theta_j)}{r_j^2} \right]$$
$$c_{\mathrm{l}} = -\sum_{j=1}^{N_v} \varGamma_j \left[\frac{v_j \sin(2\theta_j) - u_j \cos(2\theta_j)}{r_j^2} \right] \tag{4.7}$$

式中，$N_v = 2M + N$。

4.2.2　双圆柱的保角变换

不相连的双圆周通过保角变换转变为一个同心圆环，因此可将不相连的双圆周绕流的问题转换到圆环内进行求解。

如图 4.2(a)所示，点涡和两个圆周(同心圆)位于一无界非压缩流场中，利用双圆周定理获得点涡的速度场[1,2]。

$$\overline{v}(z) = \frac{\varGamma}{2\pi i} \sum_{n=-\infty}^{\infty} \left[\frac{1}{z - z_0 q^n} - \frac{1}{z - \dfrac{R_1'^2}{z_0 q^n}} \right] \tag{4.8}$$

式中，$\varGamma$ 为点涡的强度；z_0 为点涡的位置；$q = R_2'^2 / R_1'^2$。这个公式相当于一强度为 $\varGamma$ 的点涡满足两圆周为固壁的边界条件。该速度场的分布等价于无穷多个强

度为 Γ 的点涡分别在 z_0q^n 和 $R_1'^2 / z_0q^n$ 位置上的无界场中所产生的速度场的代数和。双圆柱绕流如图 4.2(b)，即两个不相连的圆周通过保角变换能变形为一个圆环。因此可将不相连的双圆周绕流的问题转换到圆环内进行求解。如点涡在图 4.2(b)中 z_0 位置通过保角变换，便可变换到圆环中 z_0 位置。若能在圆环中获得点涡的速度场，便可得到点涡在不相连的双圆周内的速度场。如图 4.2(b)所示，y_1、y_2 分别为 a、b 两点的纵坐标，L 为两圆心的距离。

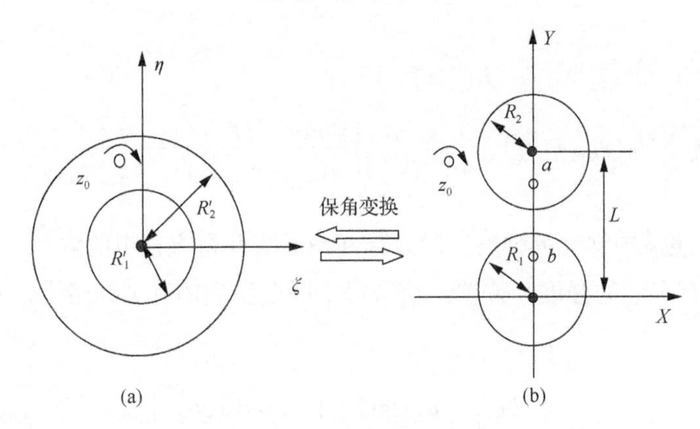

图 4.2　双圆柱的保角变换

$$y_1 y_2 = R_1^2 \tag{4.9}$$

$$(L - y_1)(L - y_2) = R_2^2 \tag{4.10}$$

由式(4.10)可得

$$\begin{aligned} y_1 &= \frac{1}{2L}\left[(L^2 + R_1^2 - R_2^2) - \sqrt{(L^2 + R_1^2 - R_2^2)^2 - 4R_1^2 L^2}\right] \\ y_2 &= \frac{1}{2L}\left[(L^2 + R_1^2 - R_2^2) + \sqrt{(L^2 + R_1^2 - R_2^2)^2 - 4R_1^2 L^2}\right] \end{aligned} \tag{4.11}$$

通过分式保角变换

$$\xi(z) = \frac{z - y_1}{z - y_2} \tag{4.12}$$

从而把点 a 变为 ξ 平面上的原点 $\xi=0$，点 b 变为 ξ 平面上的无限远点 $\xi=\infty$，圆 C_1 变为 ξ 平面上的圆 C_1'，点 a 和 b 对于圆 C_1 是对称点，故 $\xi=0$ 和 $\xi=\infty$ 对于圆 C_1' 也是对称点。也即在 ξ 平面上圆 C_1' 是以点 $C_1'=0$ 为圆心的。同理，z 平面上

圆 C_2 变为 ξ 平面上的圆 C_2'，在 ξ 平面上圆 C_2'，也是以点 $\xi=0$ 为圆心的圆，这样在 Z 平面上不同心的两个圆就变为了 ξ 平面上两个同心圆 C_1' 和 C_2'，如图 4.5 所示。由此进一步计算，可得到在 ξ 平面上的同心圆 C_1' 和 C_2' 的半径，计算公式如下：

$$R_1' = \frac{(L+R_1)^2 - R_2^2 - \sqrt{(L^2-R_1^2-R_2^2)^2 - 4R_1^2R_2^2}}{(L+R_1)^2 - R_2^2 + \sqrt{(L^2-R_1^2-R_2^2)^2 - 4R_1^2R_2^2}} \tag{4.13}$$

$$R_2' = \frac{(L+R_2)^2 - R_1^2 + \sqrt{(L^2-R_1^2-R_2^2)^2 - 4R_1^2R_2^2}}{(L+R_2)^2 - R_1^2 - \sqrt{(L^2-R_1^2-R_2^2)^2 - 4R_1^2R_2^2}} \tag{4.14}$$

$$\begin{aligned}\frac{R_2'}{R_1'} &= \frac{(L+R_2)^2 - R_1^2 + \sqrt{(L^2-R_1^2-R_2^2)^2 - 4R_1^2R_2^2}}{(L+R_2)^2 - R_1^2 - \sqrt{(L^2-R_1^2-R_2^2)^2 - 4R_1^2R_2^2}} \\ &\times \frac{(L+R_1)^2 - R_2^2 + \sqrt{(L^2-R_1^2-R_2^2)^2 - 4R_1^2R_2^2}}{(L+R_1)^2 - R_2^2 - \sqrt{(L^2-R_1^2-R_2^2)^2 - 4R_1^2R_2^2}} \\ &= \frac{L^2-R_1^2-R_2^2}{2R_1R_2} + \sqrt{\left(\frac{L^2-R_1^2-R_2^2}{2R_1R_2}\right)^2 - 1}\end{aligned} \tag{4.15}$$

对于等半径的圆周有 $R_1^2 = R_2^2 = r$，有

$$R_1' = \frac{(L+r)^2 - r^2 - \sqrt{(L^2-2r^2)^2 - 4r^4}}{(L+r)^2 - r^2 + \sqrt{(L^2-2r^2)^2 - 4r^4}} = \frac{L^2 + 2Lr - \sqrt{(L^2-2r^2)^2 - 4r^4}}{L^2 + 2Lr + \sqrt{(L^2-2r^2)^2 - 4r^4}} \tag{4.16}$$

$$R_2' = \frac{(L+r)^2 - r^2 + \sqrt{(L^2-2r^2)^2 - 4r^4}}{(L+r)^2 - r^2 - \sqrt{(L^2-2r^2)^2 - 4r^4}} = \frac{L^2 + 2Lr + \sqrt{(L^2-2r^2)^2 - 4r^4}}{L^2 + 2Lr - \sqrt{(L^2-2r^2)^2 - 4r^4}} \tag{4.17}$$

那么有

$$\frac{R_2'}{R_1'} = \frac{L^2-2r^2}{2r^2} + \sqrt{\frac{(L^2-2r^2)^2}{4r^4} - 1} \tag{4.18}$$

令 $q = \frac{R_2'^2}{R_1'^2}$，可得

$$q = \left[\frac{L^2 - 2r^2}{2r^2} + \sqrt{\frac{(L^2 - 2r^2)^2}{4r^4} - 1} \right]^2 \tag{4.19}$$

通过分式保角变换可得，点涡 $z_0 = c + \mathrm{i}d$ 在 ξ 平面上的位置为

$$\begin{aligned} \xi(z_0) &= \frac{c - y_1\mathrm{i} + \mathrm{i}d}{c - y_2\mathrm{i} + \mathrm{i}d} \\ &= \frac{c^2 + (d - y_1)(d - y_2)}{c^2 + (d - \mathrm{y}_2)^2} + \mathrm{i}\frac{c(y_2 - y_1)}{c^2 + (d - \mathrm{y}_2)^2} \end{aligned} \tag{4.20}$$

将式(4.13)、式(4.19)、式(4.20)代入式(4.8)可计算获得双圆柱影响下点涡的速度场。由此通过保角变换，建立了不连通的双圆周到同心圆环的转换关系。

4.2.3　双圆柱内部点涡处理的新方案

首先分析在双圆周影响下点涡的速度场[2]，其速度公式为

$$v(z) = \frac{\Gamma}{2\pi i} \sum_{n=-\infty}^{n=\infty} \left[\frac{1}{z - z_0 q^n} - \frac{1}{z - \dfrac{r_1^2}{z_0 q^n}} \right] \tag{4.21}$$

将公式从 $[-\infty, \infty]$ 展开后，由于 $q > 1$，随着 n 的增大，点涡的位置 $z_0 q^n$ 逐渐由圆心向 z_0 位置靠近，其镜像点的位置 $r_1^2 / (z_0 q^n)$ 由无穷远向 r_1^2 / z_0 位置处靠近；当 n=0 时，点涡位置及其镜像点分别在 z_0 和 r_1^2 / z_0 处；随着 n 继续增大，点涡位置及其镜像位置 $n<0$ 时相反，其涡强刚好与 $n<0$ 时的涡强大小相等方向相反。由此看出圆周内涡量的代数和为 Γ 。若一强度为 $-\Gamma$ 的点涡进入圆周内，那么便可以与圆周内的涡量抵消。

处理流程如图 4.3 所示。一点涡 a，进入不相连的双圆周内如图 4.3(a)所示；通过保角变换后该点涡位于双圆环内 z_0 处，如图 4.3(b)所示；若在其镜像点处，存在一点涡，该点涡满足边界条件的解如图 4.3(c)所示，由公式(4.8)可知，图 4.3(c)中点涡的分布与点涡放置在圆环域内的速度场是等价的；结合进入圆周内的点涡 a 的涡强，圆周内涡量代数和为零，如图 4.3(d)所示。这样达到圆柱内部涡量为零的目的。同时圆柱外点涡分布的位置已确定。这样不仅保证了瞬时涡量和总的涡量都守恒，还保证了双圆柱的圆周性。

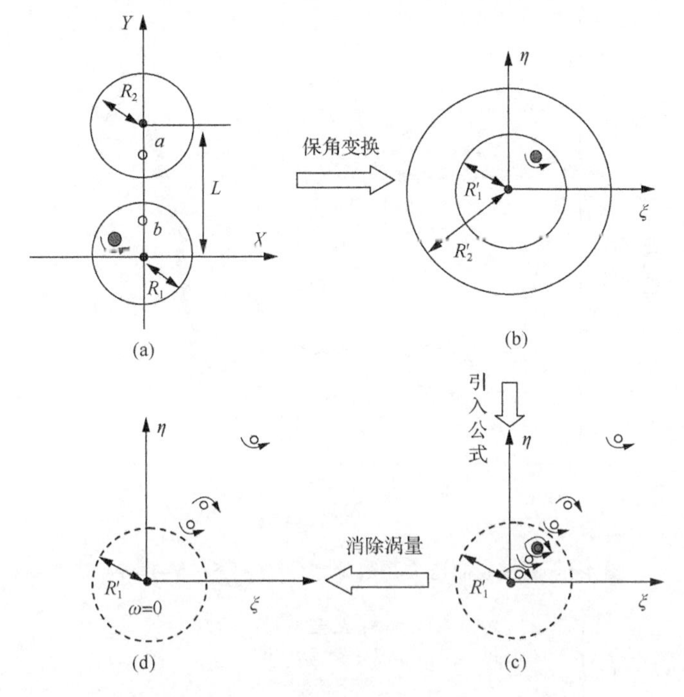

图 4.3　涡元进入双圆柱体内部的处理方案

4.2.4　方法的验证

由于圆柱外的点涡迅速偏离圆柱，较远的点涡对圆柱的圆周性的影响减弱。为此，为了减少计算量，我们着重考察圆柱外点涡数目对计算精度的影响。针对双圆柱外放置 1 个点涡和 5 个点涡，分别计算了径距比为 1.5、雷诺数为 6×10^4 的并联双圆柱绕流的表面压力系数，以及间距比为 1.25、雷诺数为 2.5×10^4 的串联双圆柱绕流的表面压力系数。

图 4.4 和图 4.5 分别给出了圆柱外有 1 个点涡和 5 个点涡参与计算获得的并联双圆柱绕流和串联双圆柱绕流的表面压力。从图中看出，N=1 和 N=5 的计算结果区别甚小，最大相对误差为 0.05%。这是因为圆柱外的点涡逐渐偏离圆周，距离较远的点涡对圆柱圆周的影响减弱。这表明：圆周外放置点涡数目的多少对计算结果的影响微乎其微。因此，我们采用圆柱外放置一个点涡的方案足以满足本书的计算精度要求。

涡元的对流、扩散、融合和消去的计算公式与 IVCBC 涡方法中描述的一致，并且双圆柱绕流数值模型建立的原理与单圆柱绕流一致。因此，为了减少计算量本章采用 IVCBC 涡方法模拟雷诺数为 6×10^4 的并联双圆柱绕流，其计算参数新生涡的数目选择 128，时间步长选择 0.05。

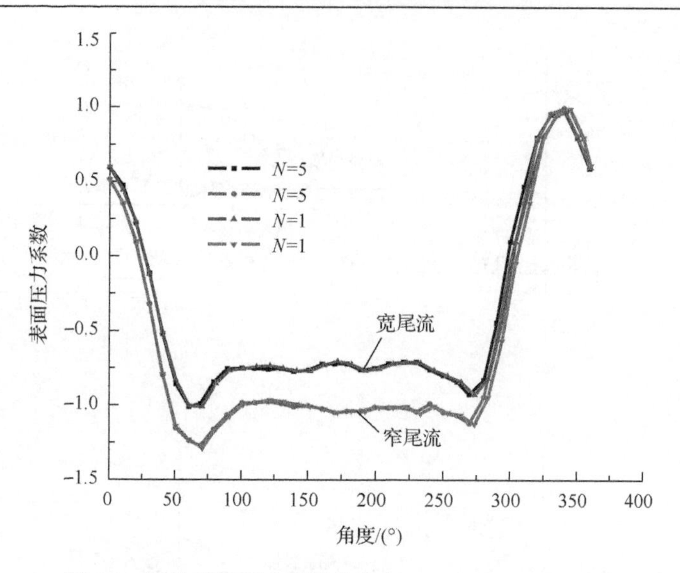

图 4.4　圆柱表面压力系数分布（T/D =1.5，N=1，N=5）

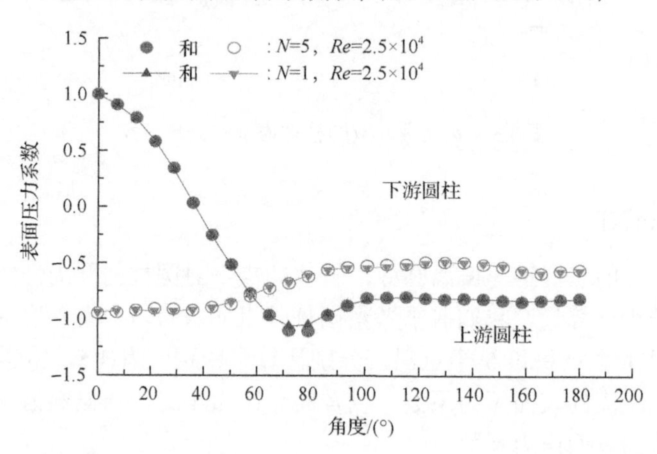

图 4.5　圆柱表面压力系数分布（T / D =1.25，N=1，N=5）

4.3　宽尾流和窄尾流的区别方法

当并列圆柱之间的间距比 1＜T/D＜2.2 时，穿过双圆柱中间的流体，由于圆柱的阻碍和内侧剪切层的作用，在双圆柱之后会形成间隙流。因为涡量场的诱导作用，间隙流会发生无规则的偏转。间隙流偏向的那个圆柱的尾流即称为窄尾流，而另一个圆柱之后的尾流称为宽尾流。由此，便形成一个特殊的非对称涡量场，其速度场的分布、尾流模型、泄涡的频率圆柱表面受到的流体力均表现出特殊性。

这种特殊的涡量场分布决定了间隙流的偏转方向，同时，涡量场也决定了速度场的分布，而速度场的分布会决定间隙流的偏转方向。由此可见，间隙流的偏转方向与速度场的分布有一定的联系。经研究发现，两圆柱中心连线上一点的速度方向与间隙流偏转具有同步性[3]。通过比较和分析发现，如图 4.6 所示，点 $A(0,0)$（两圆柱圆心连线的中点）上的诱导速度方向与间隙流的偏转方向具有的同步性最为紧密。当 A 点沿 y 轴方向的诱导速度为 0 时，间隙流从一个圆柱向另一个圆柱偏转。之后，当间隙流偏向上部圆柱时，A 点沿 y 轴方向的诱导速度为正值；而当间隙流偏向低位的圆柱时，沿 y 轴方向的诱导速度为负值。由此，利用涡量场对圆柱中点的诱导速度在 y 轴上的正、负值，可以判断间隙流的偏转方向。同时宽尾流和窄尾流是由间隙流的偏转方向决定的，因而可利用涡量场对圆柱中点的诱导速度在 y 轴上的正、负值来区别宽尾流和窄尾流。为了在 x 轴上发现一个最佳点，沿 x 轴依次排列了九个点（$A(-r,0)$、$B(-0.75r,0)$、$C(-0.5r,0)$、$D(-0.25r,0)$、$E(0,0)$、$F(0.25r,0)$、$G(0.5r,0)$、$H(0.75r,0)$ 和 $I(r,0)$），如图 4.7 所示。

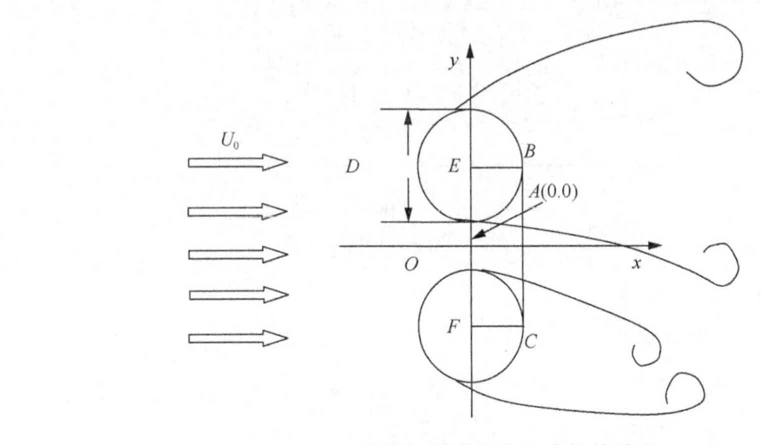

图 4.6 区别宽尾流和窄尾流的特殊点

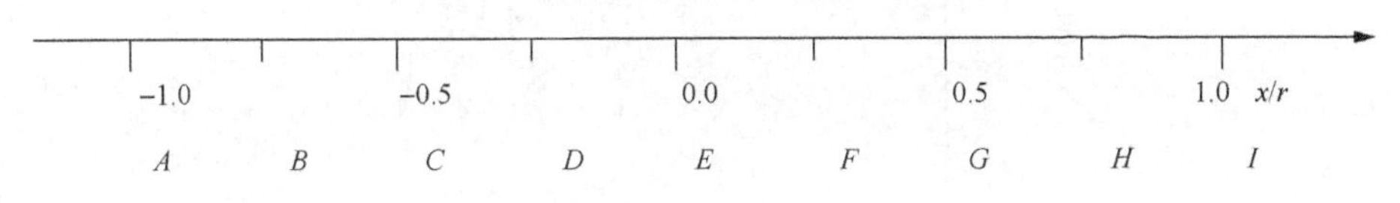

图 4.7 分布在 x 轴上的点

为了获得九个点在 y 方向的诱导速度，本书以雷诺数 $Re=6.0\times10^4$、圆柱之间的间距比 $T/D=1.2$ 时的并列双圆柱绕流作为算例。根据 IVCBC 涡法，时间步长选择 $\Delta t=0.05$，表面涡量数选择 $M=128$。在图 4.7 中分别显示了九个点在 y 方向的分量，图 4.8 分别显示了间距比为 1.25 时 A、B、C、D、E、F、G、H、I 的诱导速度。从图 4.8 中可以看出，A、B、C 三点 y 方向的诱导速度几乎一致，D、E、F 三点 y 方向的诱导速度有较少差别，G、H、I 三点 y 方向的诱导速度有明显的差别。为了进一步比较，图 4.9 给出了差异突出的 C、F、I 三点 y 方向的诱导速度时程图。为了选择出最能精确地区别宽、窄尾流的点，通过比较 y 方向上的诱导速度由正转向负，即找出 y 方向速度为零的点。表 4.1 和表 4.2 给各点计算时间及其对应的 y 方向的速度。A、B、C 三点 y 方向的速度转变的时间为 25.3，D 点对应的时间为 25.6，E 点对应的时间为 26.4，F 点对应的时间为 26.7，H、I 两点对应的时间为 26.9，F 点对应的时间为 26.7，如表 4.3 所示。间隙流发生方向改变如图 4.10 所示，从图中看出间隙流水平 x 轴时对应的时间为 26.7，这与 F（$0.25r, 0$）点的时间对应。

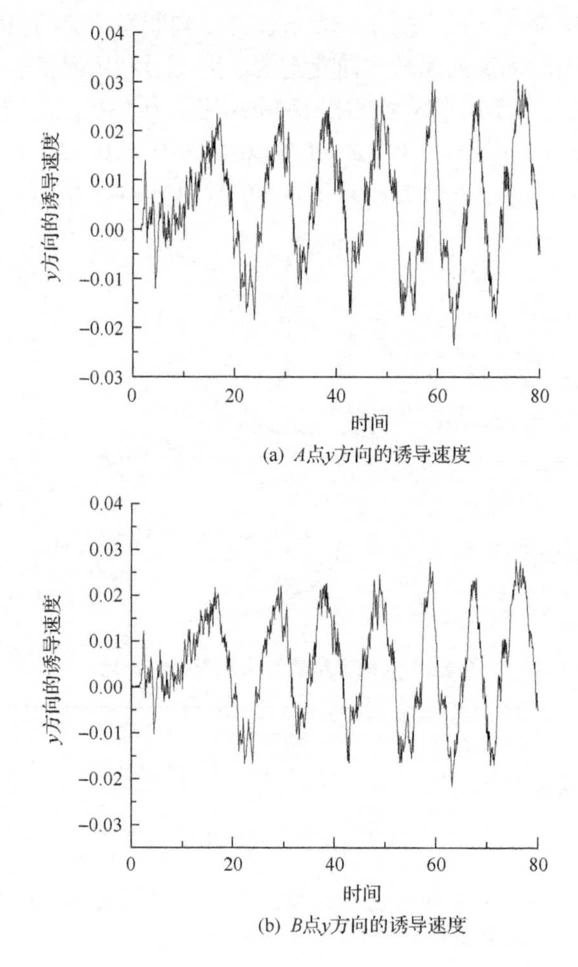

(a) A点y方向的诱导速度

(b) B点y方向的诱导速度

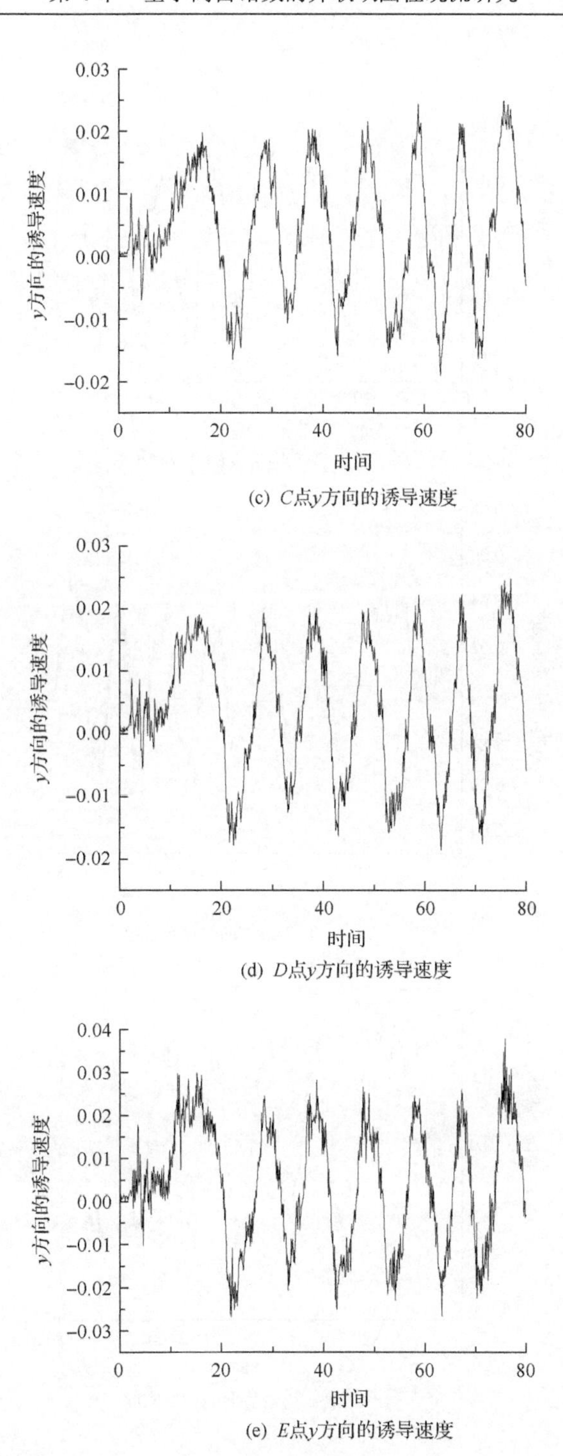

(c) C点y方向的诱导速度

(d) D点y方向的诱导速度

(e) E点y方向的诱导速度

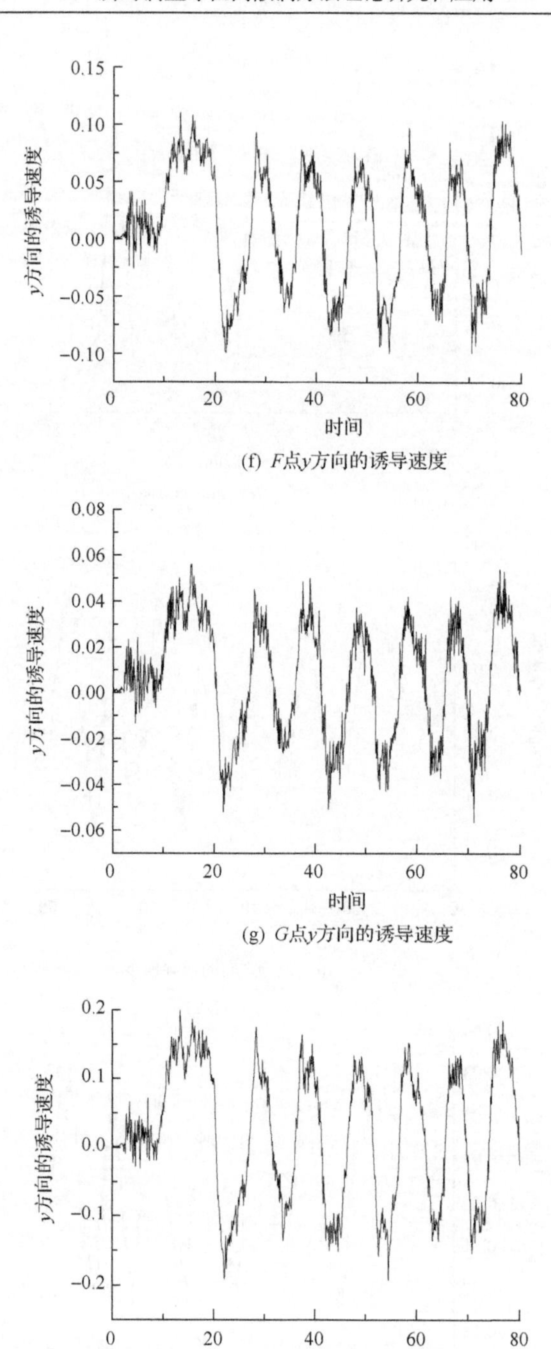

(f) F点y方向的诱导速度

(g) G点y方向的诱导速度

(h) H点y方向的诱导速度

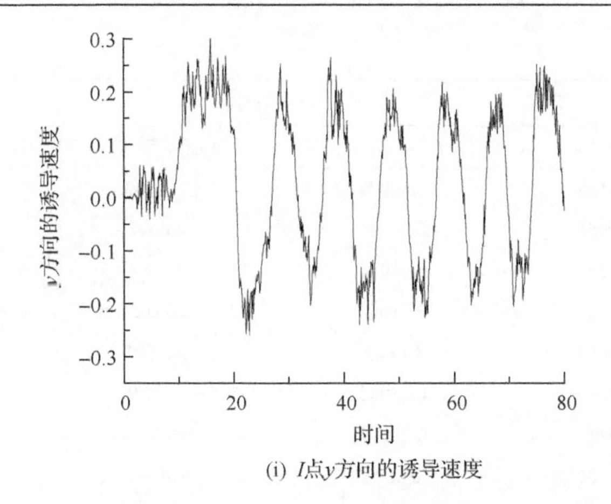

(i) I点y方向的诱导速度

图 4.8　点 A、B、C、D、E、F、G、H、I 在 y 方向的诱导速度（T/D = 1.25）

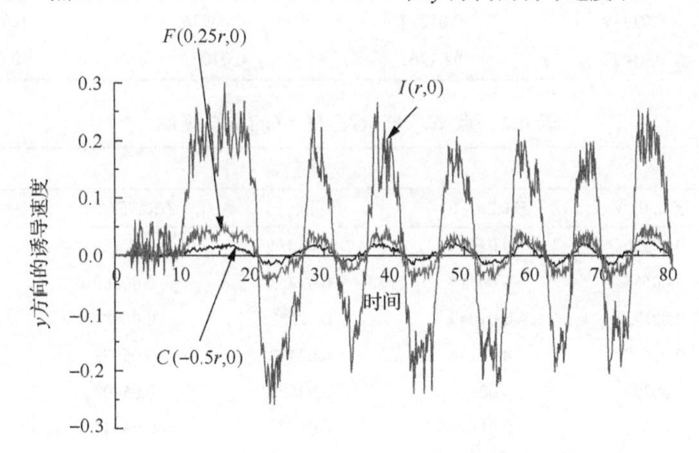

图 4.9　点 C(−0.5r, 0)、F(0.25r, 0)、T(r, 0) 在 y 方向的诱导速度（T/D =1.25）

表 4.1　点 A、B、C、D 的诱导速度

时间	诱导速度			
	A(−r, 0)	B(−0.75r, 0)	C(−0.5r, 0)	D(−0.25r, 0)
25.1	−0.00103	−0.00895	−0.00812	−0.00362
25.2	−0.00268	−0.00272	−0.0032	−0.00585
25.3	**0.0011**	**0.00048**	**0.000133**	−0.00248
25.4	0.00404	0.00283	0.000583	−0.00167
25.5	0.00777	0.00573	0.00206	−0.00403
25.6	0.00778	0.00584	0.00261	**0.00387**
25.7	0.00423	0.0029	0.000589	0.00123
25.8	0.00725	0.00581	0.00331	0.00042
25.9	0.00993	0.00794	0.00495	0.000184

续表

时间	诱导速度			
	$A(-r, 0)$	$B(-0.75r, 0)$	$C(-0.5r, 0)$	$D(-0.25r, 0)$
26	0.01158	0.00879	0.00443	0.00162
26.1	0.00951	0.00756	0.0047	0.00178
26.2	0.01251	0.01004	0.0064	0.00191
26.3	0.01328	0.01062	0.00727	0.00456
26.4	0.01009	0.0083	0.00601	0.000887
26.5	0.01249	0.01048	0.00771	0.00511
26.6	0.00827	0.00692	0.00492	0.00251
26.7	0.01124	0.0093	0.00666	0.00262
26.8	0.01596	0.0133	0.00944	0.00605
26.9	0.01419	0.01217	0.00936	0.00655
27	0.01472	0.01265	0.01001	0.0075

表 4.2　点 *E*、*F*、*G*、*H*、*I* 的诱导速度

时间	诱导速度				
	$E(0, 0)$	$F(0.25r, 0)$	$G(0.5r, 0)$	$H(0.75r, 0)$	$I(r, 0)$
25.1	−0.00576	−0.01385	−0.03074	−0.07449	−0.12362
25.2	−0.00686	−0.00717	−0.02753	−0.06569	−0.10637
25.3	−0.00832	−0.01047	−0.02532	−0.05884	−0.10363
25.4	−0.00417	−0.01234	−0.02407	−0.05973	−0.09158
25.5	−0.00297	−0.00336	−0.03671	−0.05702	−0.08796
25.6	−0.01041	−0.01676	−0.01499	−0.06543	−0.08724
25.7	−0.00775	−0.02345	−0.03488	−0.03965	−0.07649
25.8	−0.00412	−0.01564	−0.04805	−0.05723	−0.06325
25.9	−0.00938	−0.00934	−0.0293	−0.08476	−0.07817
26	−0.00236	−0.02038	−0.02974	−0.0552	−0.11479
26.1	−0.00739	−0.00774	−0.03977	−0.05331	−0.08876
26.2	−0.00523	−0.0124	−0.02498	−0.07221	−0.07255
26.3	−0.00223	−0.01722	−0.02775	−0.05707	−0.08806
26.4	**0.00068**	−0.00432	−0.02566	−0.05349	−0.07631
26.5	0.00282	−0.000014	−0.01752	−0.04629	−0.09657
26.6	0.00086	−0.0000064	-0.01531	−0.02004	−0.06274
26.7	0.00243	**0.00054**	−0.01806	−0.01589	−0.02786
26.8	0.000866	0.00674	**0.00326**	−0.02862	−0.01588
26.9	0.00507	0.00376	0.00275	**0.00929**	**0.03237**
27	0.00513	0.00172	0.00134	0.01063	0.00486

表 4.3　各点诱导速度为零时对应的时间

A	B	C	D	E	F	G	H	I
2.53	2.53	2.53	2.56	2.64	2.67	2.68	2.69	2.69

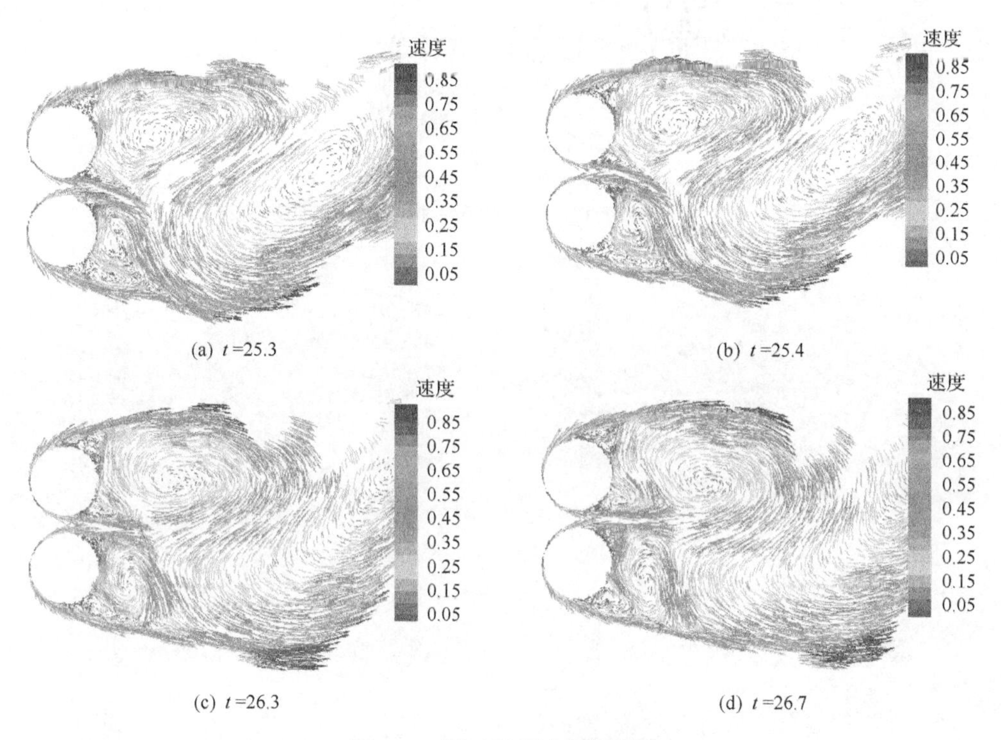

(a) t=25.3　(b) t=25.4　(c) t=26.3　(d) t=26.7

图 4.10　瞬时涡元速度轮廓图

为了进一步验证F点y方向的诱导速度与间隙流偏转方向的同步性和灵敏性，进行了 $T/D=1.25$、$T/D=1.5$、$T/D=2$ 的数值模拟。$T/D=1.25$ 的结果显示在图 4.11 和图 4.12 中，$T/D=1.5$ 的结果显示在图 4.13 和图 4.14 中，$T/D=2$ 的结果如图 4.15 和图 4.16 所示。通过比较，F 点的 y 方向的诱导速度与间隙流的偏转方向具有同步性。当 y 方向的诱导速度为零时，间隙流即将开始从一个圆柱体转向另一个圆柱。当间隙流偏向上圆柱时，F 点在 y 方向的诱导速度为正值，而当流动偏转向下圆柱时，y 方向的诱导速度为负值。当不发生偏转时，y 方向的诱导速度为零。结果表明，该方法能够准确区分宽尾流和窄尾流，为研究该特殊区域高雷诺数下两圆柱绕流特性提供了一种重要的数值计算方法。通过这种方法，也可以精确地区分宽尾流和窄尾流的升力系数和阻力系数，如图 4.17 所示。

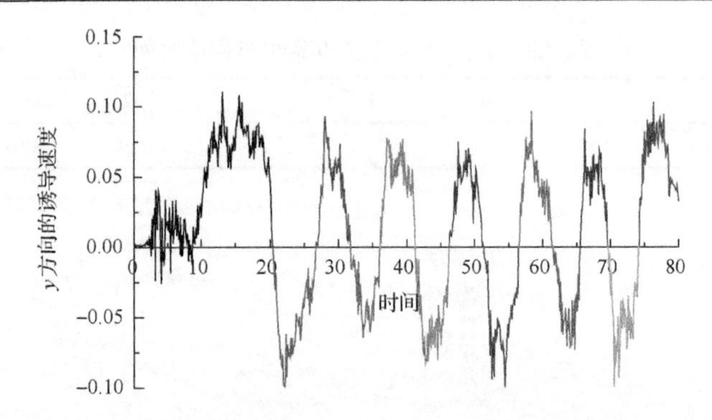

图 4.11　点 $F(0.25r, 0)y$ 方向的诱导速度时程图(T/D =1.25)

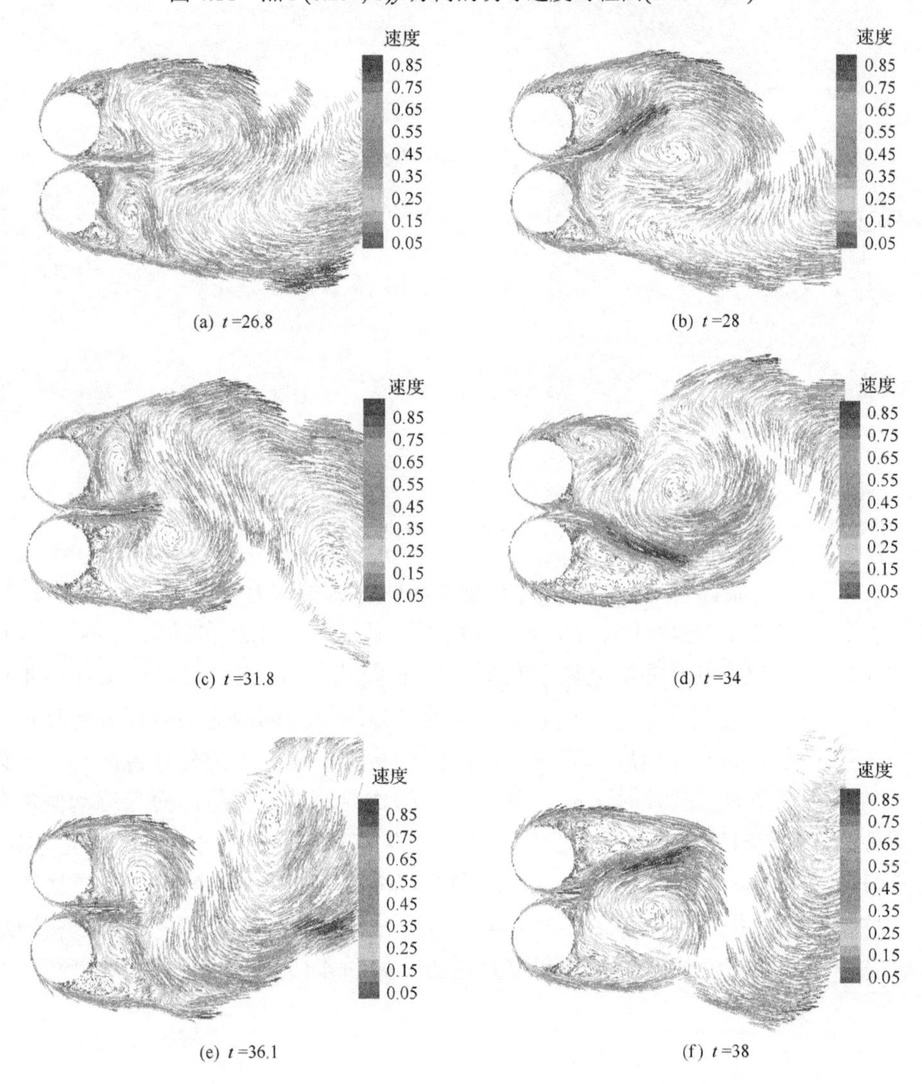

(a) t =26.8　(b) t =28

(c) t =31.8　(d) t =34

(e) t =36.1　(f) t =38

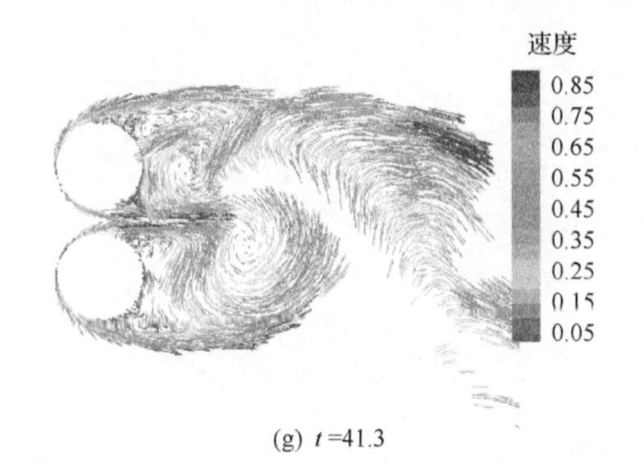

(g) t =41.3

图 4.12　瞬时涡元速度轮廓图(T/D =1.25)

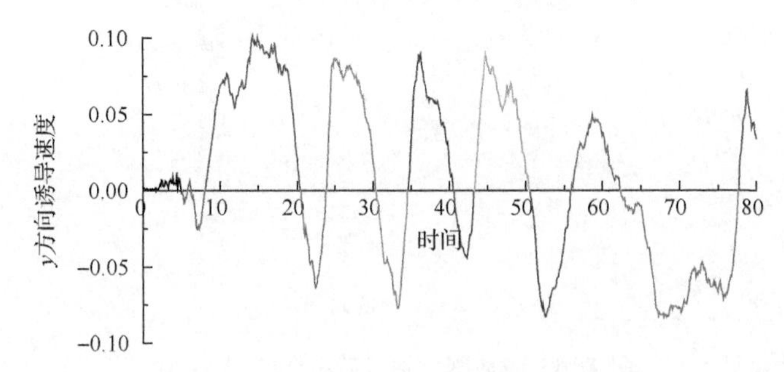

图 4.13　点 F (0.25r, 0)y 方向的诱导速度时程图(T/D =1.5)

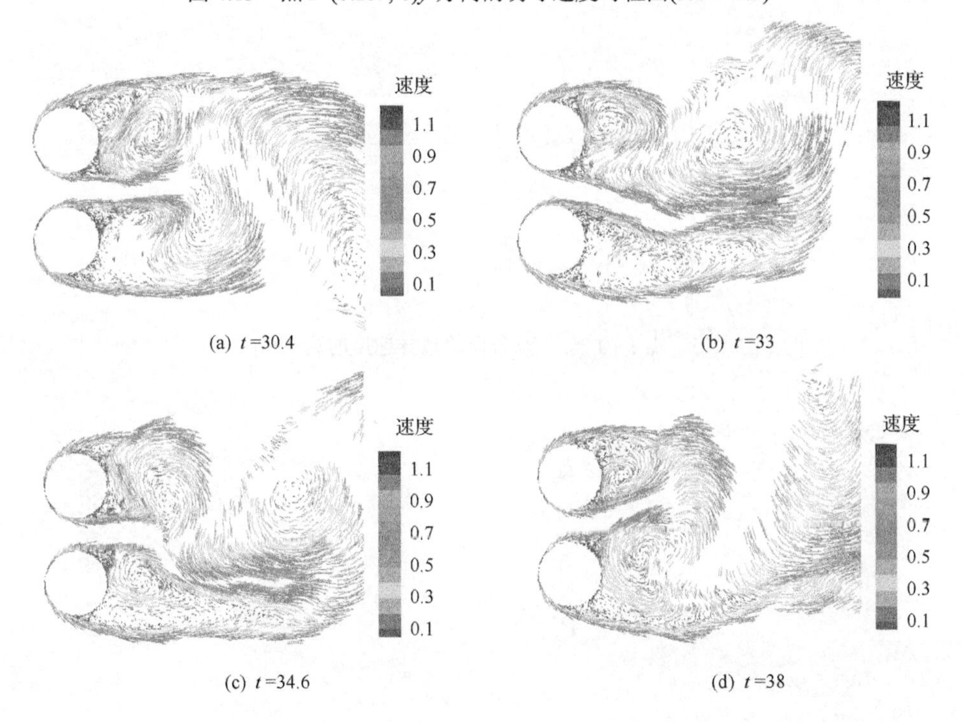

(a) t =30.4　(b) t =33

(c) t =34.6　(d) t =38

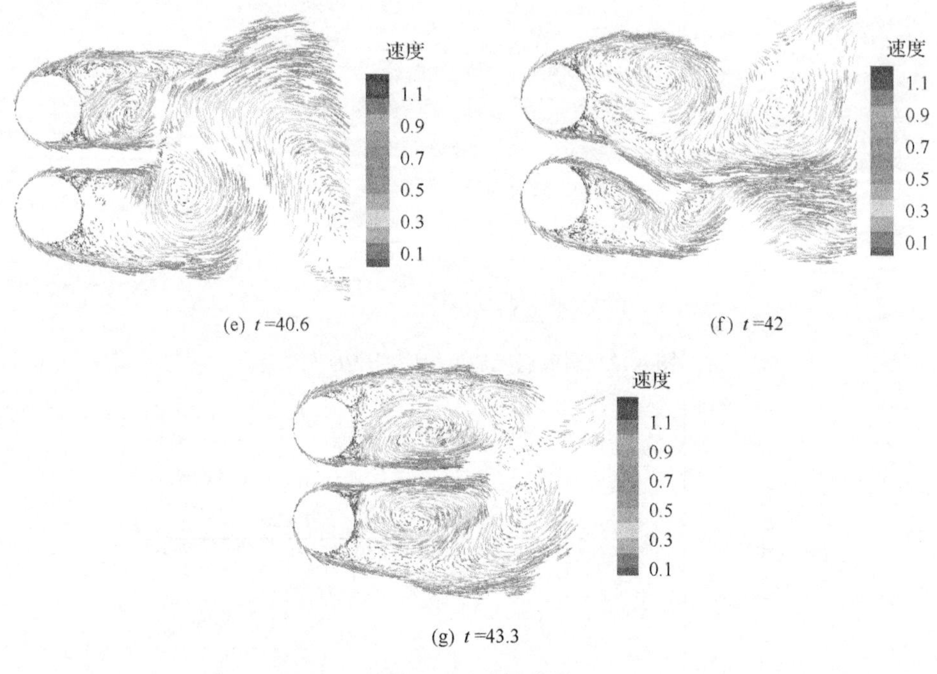

图 4.14　瞬时涡元速度轮廓图($T/D=1.5$)

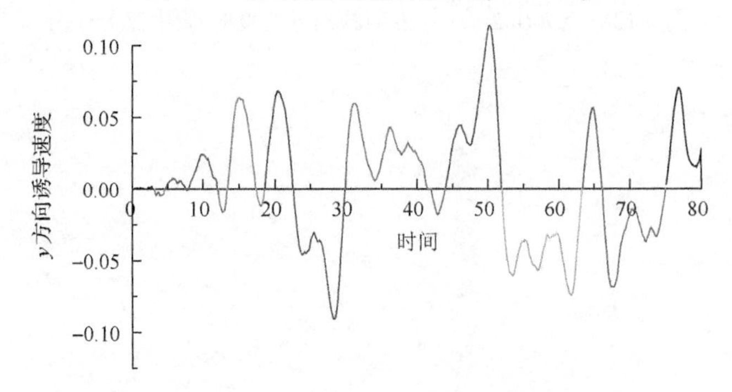

图 4.15　点 $F(0.25r, 0)$ y 方向的诱导速度时程图($T/D=2$)

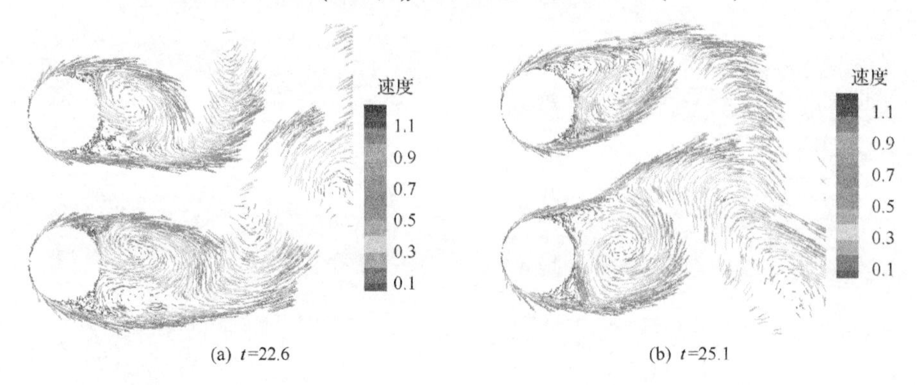

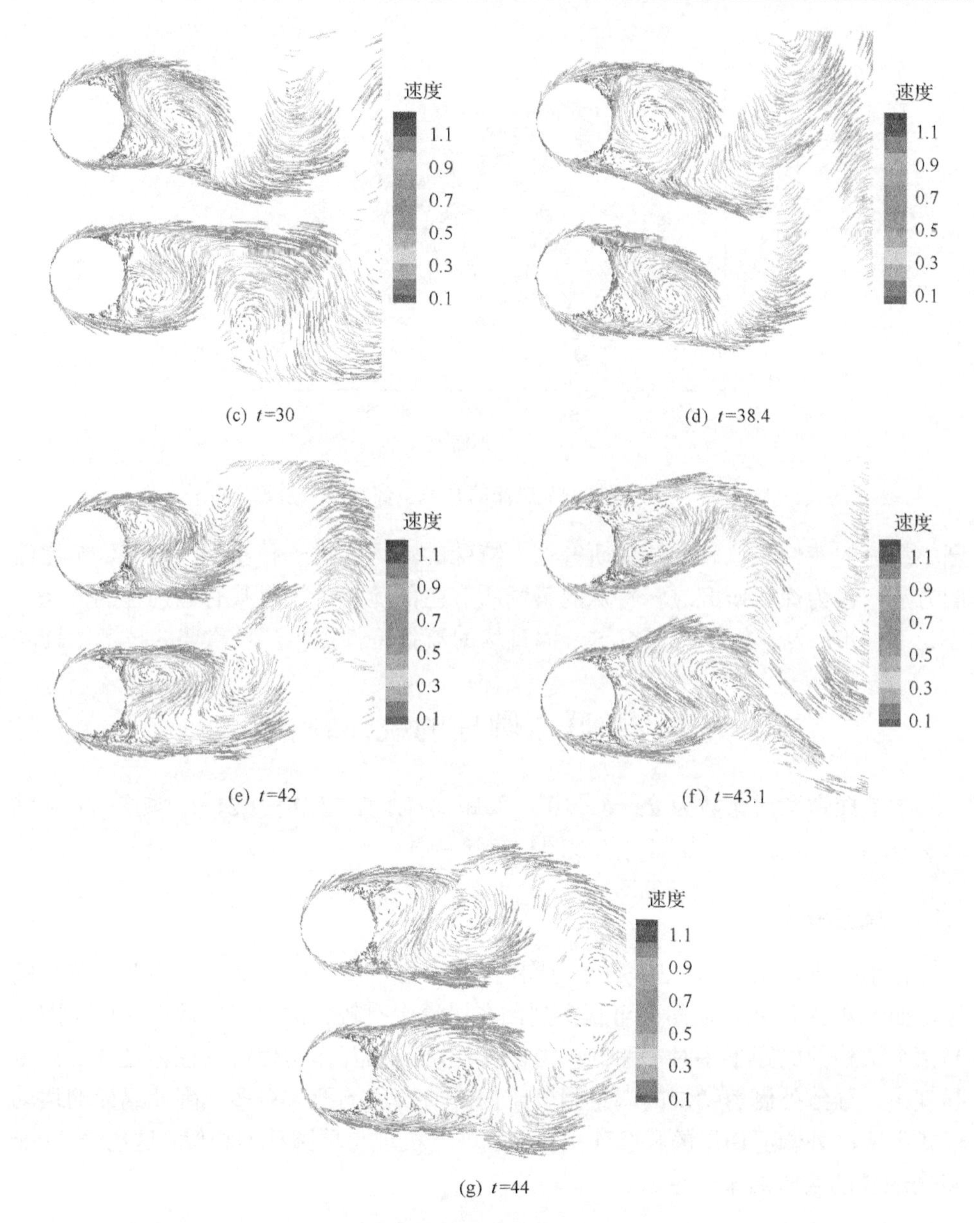

图 4.16　瞬时涡元速度轮廓图(T/D =2)

对在 $1.1<T/D<2.2$ 范围内的窄尾流和宽尾流的并联双圆柱绕流进行了数值计算。在两个圆柱体之间的诱导速度正负逐渐与间隙流的偏转方向同步的基础上，提出区分窄尾流和宽尾流的新方法。通过对间隙流的偏转方向和在(0.5r,0)点速度 y 分量的方向的比较，发现该方法具有准确区分窄尾流和宽尾流的能力。这是一种重要的数值方法，这种方法能应用于研究高雷诺数下这一特殊区域内并联双

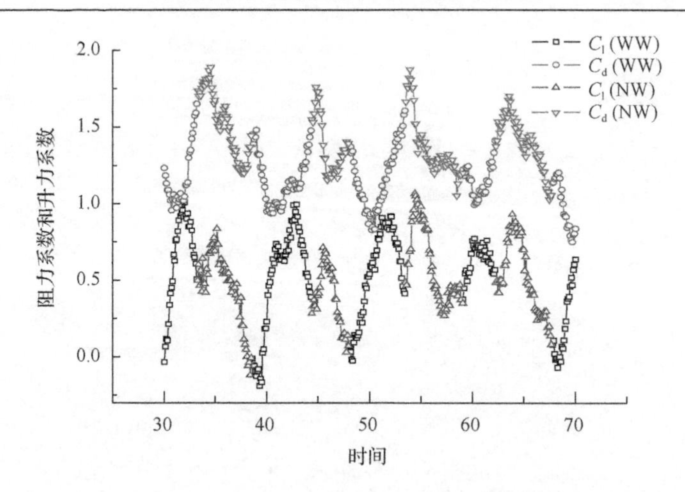

图 4.17　上层圆柱宽窄尾流的升力系数和阻力系数分布

圆柱绕流的特性。这种方法为研究这一特殊的流场提供一种新的区别宽、窄尾流的方法，也为深入研究这一特殊涡量场所产生的流体力提供具有鉴别性的方法，还为下一步广泛、深入地研究这一涡量场的流体特性提供一种重要的技术工具。

4.4　并联双圆柱的绕流特征

本节探索了雷诺数为 $Re=6\times10^4$，间距比 $1.1\leqslant T/D\leqslant1.2$、$1.2\leqslant T/D\leqslant2.6$ 和 $2.6\leqslant T/D\leqslant7$ 三个范围内的双圆柱绕流特征。

4.4.1　尾流模式

在小间距比 $1.1\leqslant T/D\leqslant1.2$ 范围内，两个圆柱绕流的尾流模型类似于单个圆柱，如图 4.18 所示。从图中可观察到，在尾流中有较大的冯卡门涡街。这是因为当两个圆柱的间距很小时，两圆柱内侧剪切层的相互作用使得两柱体之间的涡量强度小，导致外侧剪切层的涡量强度比内侧剪切层的要大得多，因此涡元的运动模式主要由外侧剪切层的相互作用决定。这一机理与单圆柱的相似，这也与 Alam 和 Zhou[4]的实验结果一致。

图 4.18　瞬时涡量轮廓（$T/D=1.1$）

在非对称范围 $1.2 < T / D < 2.6$ 内，在圆柱之后的尾流表现出不稳定和不对称，如图 4.19 所示。由于两圆柱内侧的涡元之间以及两圆柱外侧涡元之间的相互诱导作用，使得两圆柱之间的间隙流发生偏转，由此出现宽尾流和窄尾流现象。

图 4.19　瞬时涡量轮廓图（T / D =1.5）

当间距比增加到 $2.6 < T / D < 6$ 时，不对称的尾流特点消失。在两圆柱的尾流中出现对称性的冯卡门涡街。其流体模式表现为三种同步特点，即同相同步模式、反相同步模式和混合同步模式。从模拟结果中，我们发现反相同步模式是主要的，这个结果与 Alam 和 Zhou[4]的结果是相似的。图 4.20 给出了三种典型的反相同步模型，其间距比分别为 T / D=3.2、3.7 和 4.2，相应的升力系数的时程图，如图 4.21 所示。从时程曲线上，也可观察到反相同步模式。在图 4.20(a)中可以清晰地观察到，反相同步模式在双圆柱的尾流中持续了很长时间，这与 Zhou 等[5]的描述完全吻合。然而，在图 4.20(b)和图 4.20(c)中，尾流中的涡对迅速地融合在一起，这体现了在并联双圆柱的尾流中，涡街之间存在复杂的相互作用。图 4.22 给出了间距比 T / D 为 3.95 和 4.95 时同相同步模式的两个例子。可以看出泄涡方式是同步，且是同相位的。从图 4.23 也可清晰地看出两个双圆柱升力系数的同相同步的特征。图 4.24 和图 4.25 给出了尾流中既有同相位也有反相位的尾流模式。

(a) T/D=3.2

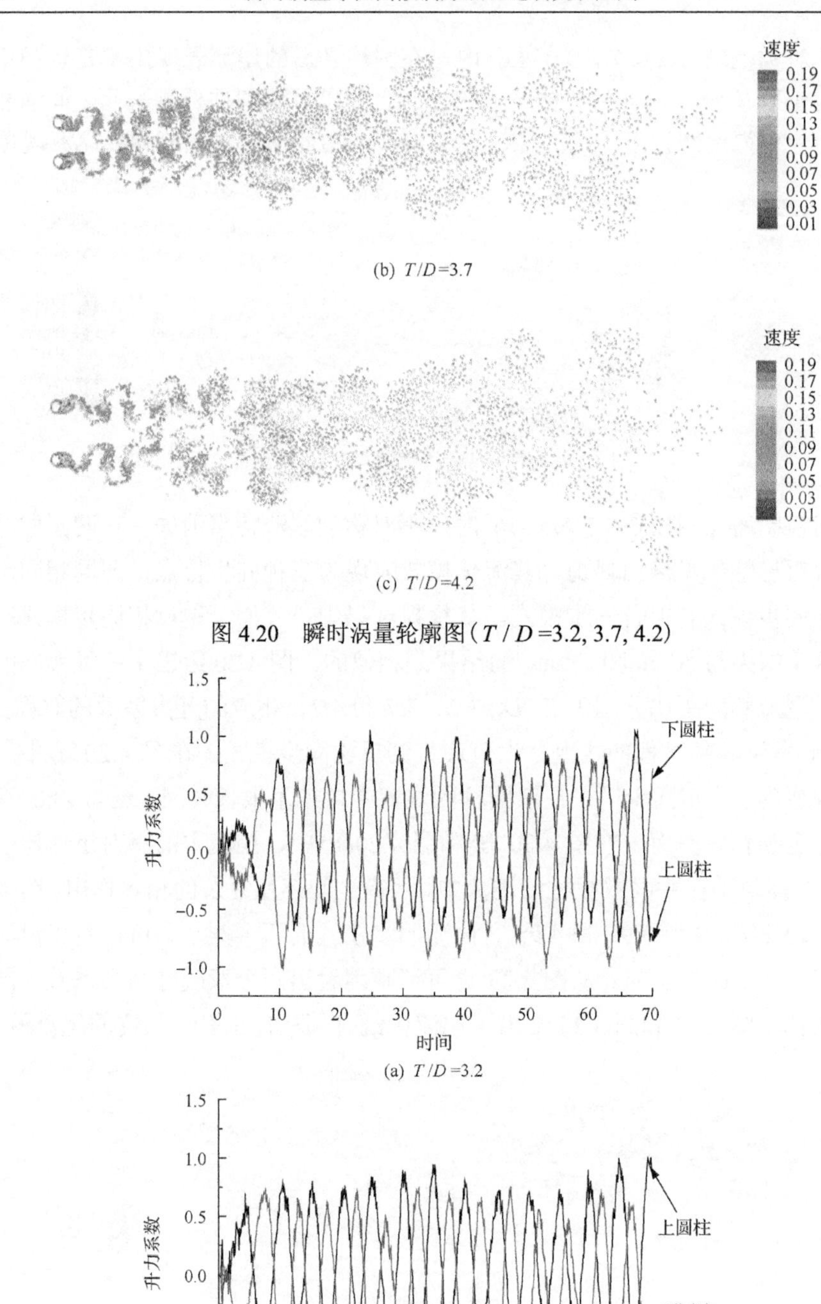

(b) T/D=3.7

(c) T/D=4.2

图 4.20　瞬时涡量轮廓图（T/D=3.2, 3.7, 4.2）

(a) T/D=3.2

(b) T/D=3.7

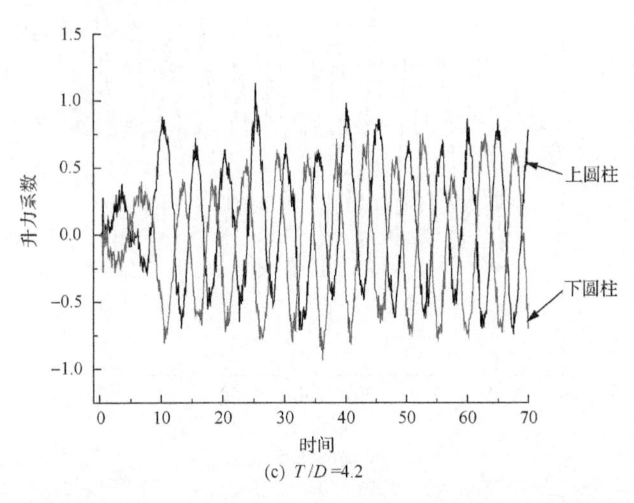

(c) T/D=4.2

图 4.21　上下层圆柱的升力分布（T/D=3.2, 3.7, 4.2）

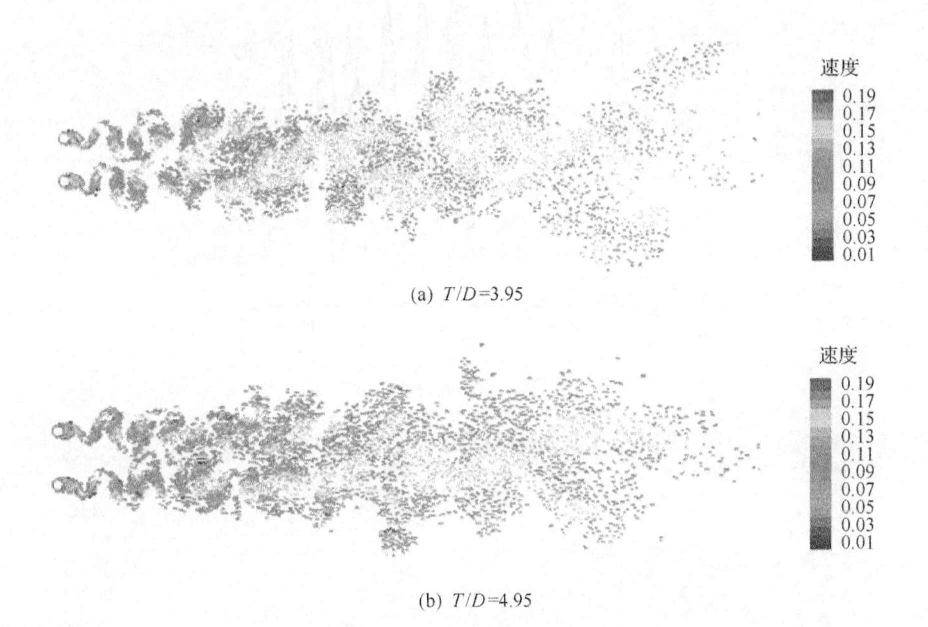

(a) T/D=3.95

(b) T/D=4.95

图 4.22　瞬时涡量轮廓图（T/D=3.95, 4.95）

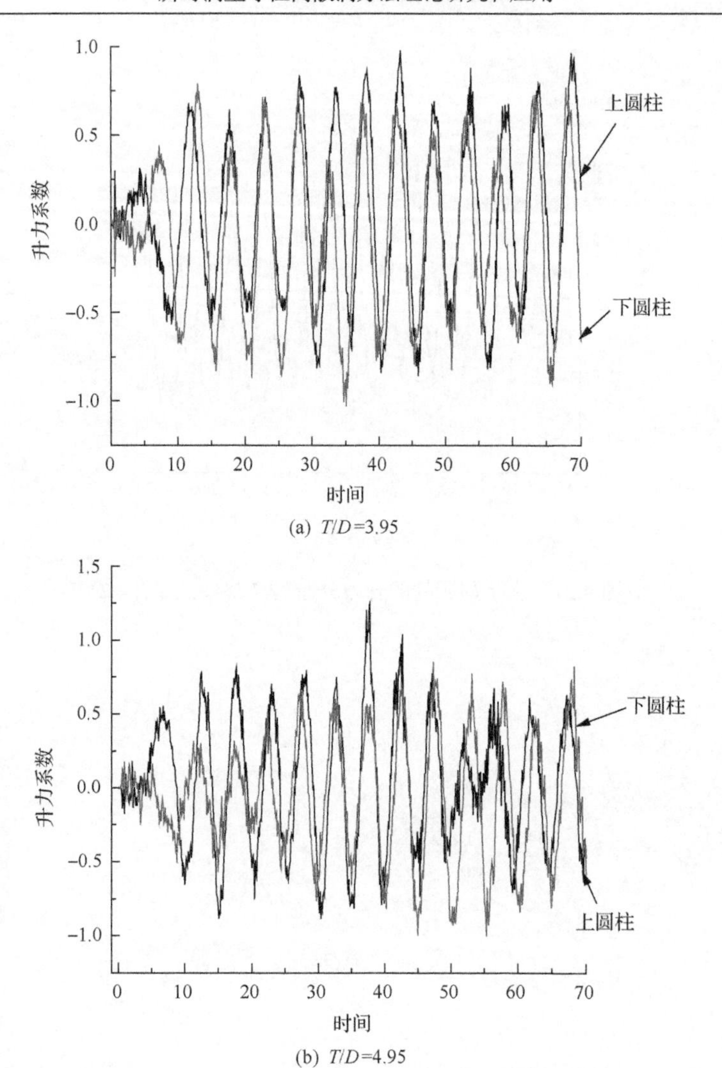

(a) T/D=3.95

(b) T/D=4.95

图 4.23　上下层圆柱的升力分布(T/D=3.95, 4.95)

图 4.24　瞬时涡量轮廓图(T/D=4.45)

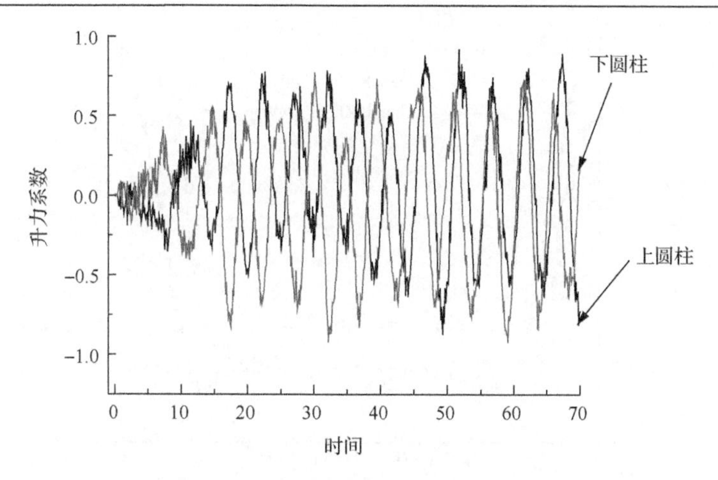

图 4.25　上下层圆柱的升力分布（T/D=4.45）

计算结果表明，两并联圆柱的尾流中存在五种主要流动模式：在间距比为 1.1 ≤T/D≤1.2 范围内，并联双圆柱尾流模型与单圆柱绕流的模型相同；在间距比为 1.2<T/D≤2.6 范围内存在不对称偏转流动模式；在间距比为 2.6<T/D<7 范围内存在三种尾流模式，分别是同步同相流动模式、同步反相流动模式及混合流模式(反相和同相同时存在)。

4.4.2　平均表面压力系数

图 4.26 显示了间距比为T/D=1.5 的上层圆柱表面的平均表面压力系数（C_p）。为了比较，将 Alam 和 Zhou[4]测量的两并联双圆柱的实验结果也展示在图中。可以看出，上层圆柱上的驻点大约是 340°，而不是 0°，与 Alam 等[6]的实验结果一致。从涡元的运动过程观察到，无论是宽尾流还是窄尾流，两个驻点的位置几乎保持不变，这说明间隙流的偏转对宽尾流和窄尾流的驻点的位置影响很小。此外，θ<55°与 θ>305°时宽尾流和窄尾流的表面压力几乎一致，然而在其他位置，宽尾流所产生的表面压力值比窄尾流大得多。这导致了宽尾流所属圆柱的后侧压力较大，表现为该圆柱的阻力较小，这与 Afgan 等[7]和 Alam 等[4,6]的实验结果相吻合。

图 4.27 分别比较了间距比为T/D=1.1, 1.25, 1.5, 2.0 的上层圆柱的平均表面压力系数。从图中看出间距比为T/D=1.1 的窄尾流的表面压力分布，涡元大约在 75°时与柱体表面分离，在 115°～250°范围内，窄尾流所在圆柱的表面压力明显地低于宽尾流所在圆柱表面的压力值，从而导致窄尾流所在圆柱的阻力大于宽尾流所在圆柱的阻力系数。在其他的间距比范围内，可看出涡元与柱体分离后，压力趋于平缓。对表面压力积分可得升力和阻力，由此可以得出在T/D=1.1 时的窄尾流所在圆柱的阻力系数比其他间距比的阻力系数大。从图 4.27 中还能观察到

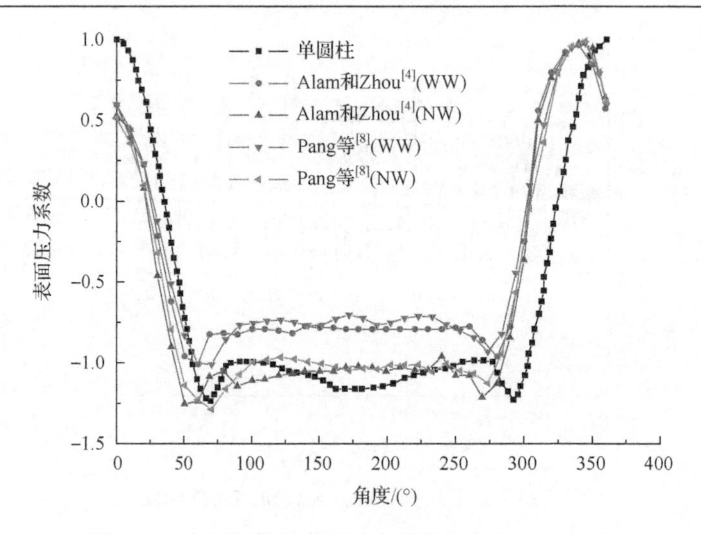

图 4.26　上层圆柱的表面压力系数分布（T/D=1.5）

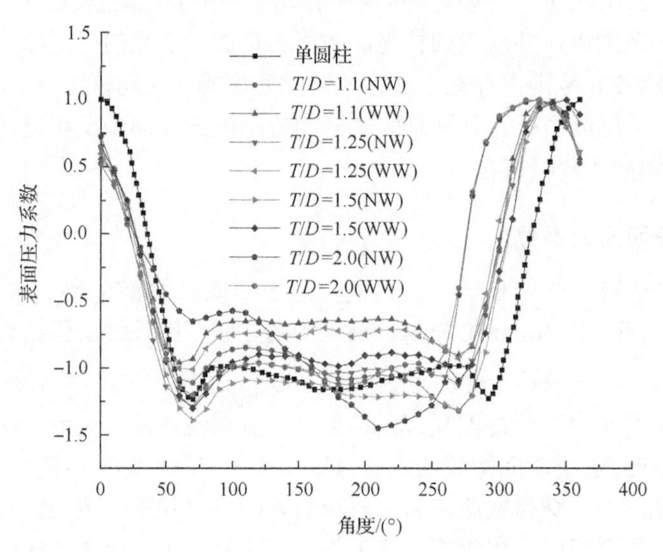

图 4.27　上层圆柱的表面压力系数分布（T/D=1.1, 1.25, 1.5, 2.0）

间距比为 T/D=1.1, 1.25, 1.5, 2.0 时，驻点的位置分别是 350°、250°、150°、100°，这说明随着间距比的增加，间隙流的偏转程度逐渐减弱。这与 Hori[2]的研究结果相吻合。

图 4.28 分别显示在 T/D=2.75, 3.0, 3.5, 4.0 和 4.5 时的平均表面压力系数。从图 4.28 中我们可以观察到，压力系数的轮廓线几乎是对称的，而且驻点位于 θ=0°处。这表明，T/D＞2.75 时双圆柱尾流的非对称作用逐渐消失，在涡量场中，漩涡表现出明显的对称性，这与 4.4.1 节中尾流的特点是一致的。

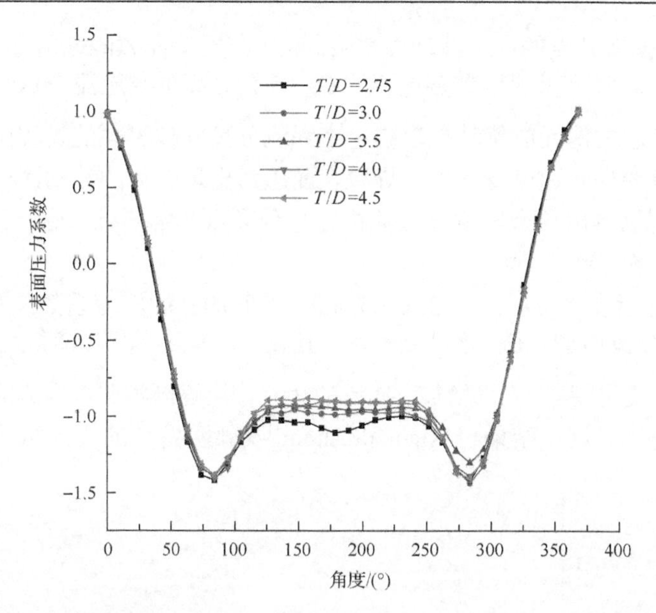

图 4.28　上层圆柱的表面压力系数分布（T/D=2.75, 3.0, 3.5, 4.0, 4.5）

4.4.3　脉动表面压力系数

图 4.29 分别描述了在 T/D=1.1, 1.25, 1.5 和 2.0 时，脉动表面压力系数（C_{pf}）的分布。从图中可看出 C_{pf} 的值在 T/D=1.1 时相对较高。这表明圆柱表面的压力偏

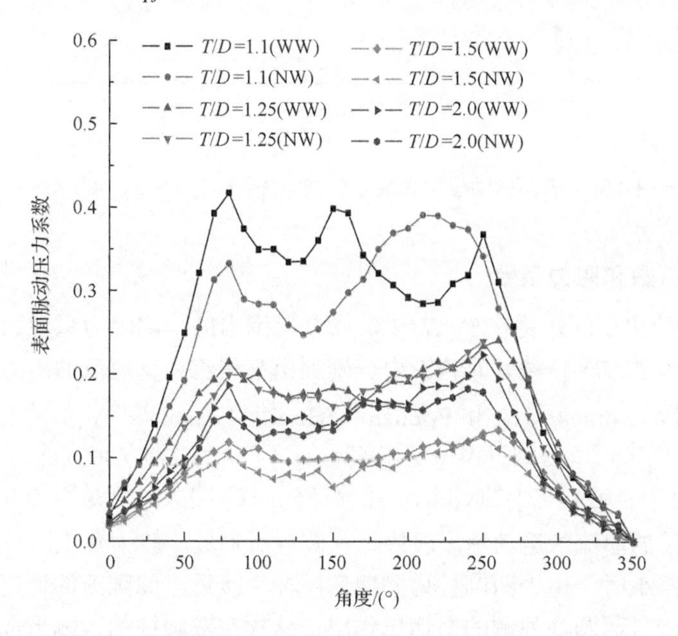

图 4.29　表面脉动压力系数分布（T/D=1.1, 1.25, 1.5, 2.0）

离平均值较大，在某点的压力波动性增强。这一结果符合 Zdravkovich 和 Pridden[9] 的实验结果。同时可以观察到宽尾流的 C_{pf} 分布略高于窄尾流，这表明宽尾流所在圆柱的剪切层内涡元的扰动性增强。在涡流分离柱体表面的过程中，涡元的速度变化比附近的涡元速度变化大，导致表面压力出现较大的波动而产生了一个峰值。从图中可以看出这个峰值所在的位置与分离点非常接近。这一观点与 Alam 等[6]的观察结果一致。

图 4.30 显示在 T/D=2.75, 3.0, 3.5, 4.0, 4.5 时的脉动压力系数分布。我们可以观察到随着 T/D 增加，C_{pf} 逐渐减小，而且在 T/D=4.0 和 4.5 时 C_{pf} 与单圆柱的值较接近，这说明随着 T/D 增加，尾流的相互作用逐渐消失，尾流的模式接近单圆柱的尾流特征。这一结果与 Alam 和 Zhou[4]及郭明旻[10]的实验结果一致。

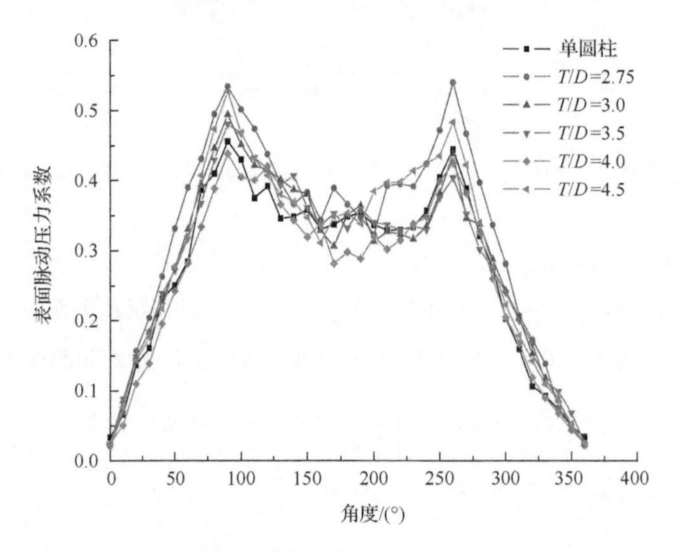

图 4.30 表面脉动压力系数分布（T/D = 2.75, 3.0, 3.5, 4.0, 4.5）

4.4.4 升力系数和阻力系数

图 4.31 给出了间距比在 T/D=1.0～7.0 范围内的平均阻力系数（C_d）分布，其中在间距比为 T/D=1～2.6 时范围内分别列出窄尾流和宽尾流的阻力系数（C_d）。为了进行比较，Zdravkovich 和 Pridden[9]、Hori[2]和 Alam 等[6]获得的实验结果也显示在图中。从图中可以看到 NW 所产生的 C_d 在 T/D=1.1 时是最大的，在 $1.2 < T/D \leqslant 2.6$ 范围内，窄尾流产生的 C_d 比宽尾流产生的 C_d 略大，这是因为在窄尾流所在的圆柱上脱落的涡流的运动速度较快，在圆柱后形成了较大负压区（Alam 等[6]）。当间距比非常小时，由于两圆柱内侧剪切层非常接近，间隙流的速度减小，尾流的影响主要来自两圆柱外侧的剪切层作用，这样在双圆柱的后侧形成较大的负压

区，此时压力系数较大。随着间距的增大，间隙流速度迅速增大，发生较大的偏转，迅速增大圆柱后侧负压区的压力，导致圆柱前后的压力差减小，表现为阻力迅速降低。随着间距比进一步增加，间隙流与双圆柱两侧脱落的涡流产生强烈的作用，窄尾流在圆柱后侧产生逐渐增大的负压，导致前后压力差逐渐增加，表现为阻力逐渐增加，这与前面的表面压力的分析一致。随着间距比继续增加，间隙流偏转逐渐减弱，涡流运动对称，圆柱后侧的表面压力趋于平稳，前后压力差逐渐稳定。因此在 $2.6 < T/D \leqslant 4.5$ 时，间隙流略微有偏移，而且两圆柱的绕流的特点相似。当 $T/D > 4.5$ 时，尾流的相互作用几乎消失，C_d 的值与单圆柱接近。

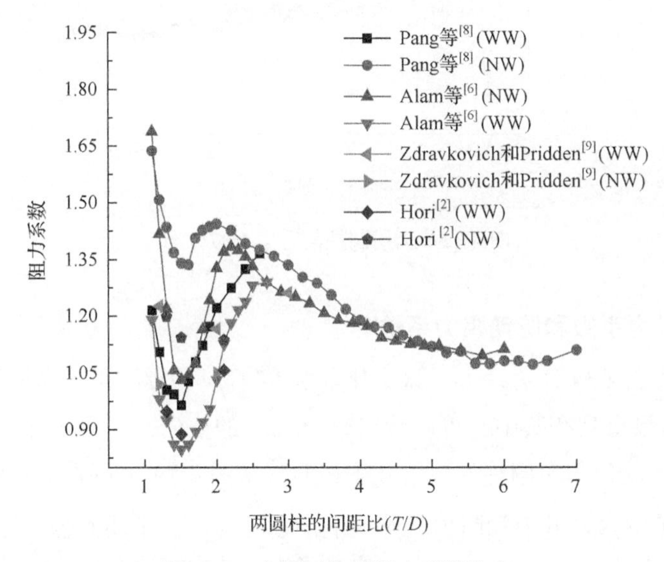

图 4.31　上层圆柱的阻力系数分布

图 4.32 给出了上层圆柱的升力系数随间距比变化的分布图。从图中可看出目前获得的升力系数的趋势与 Alam 等[6]、Hori[2]和 Igarashi[11]的实验值相吻合。在间距比较小时，升力系数较大，这是因为间隙流的流动被双圆柱阻挡，导致在圆柱的左下侧(间隙的前侧)产生较大的作用力。随着间距比的增加，圆柱左下侧的流体受阻影响减弱，升力逐渐减小。当圆柱后为窄尾流时，间隙流作用在上层圆柱下侧的范围大于宽尾流时，间隙流作用在圆柱下侧范围大，进而窄尾流产生的升力低于宽尾流产生的升力。随着间距比的继续增大，间隙流对流体的作用逐渐减弱，漩涡的运动逐渐表现为对称性，间隙流对升力的影响趋于稳定，导致升力逐渐趋于平缓并接近单个圆柱的升力。

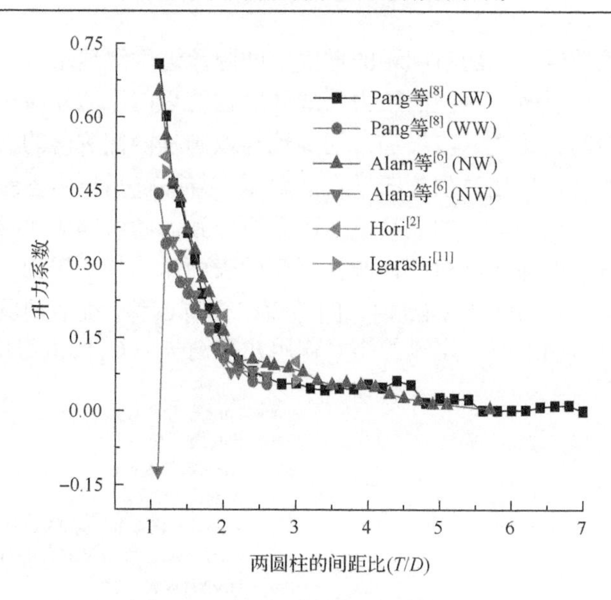

图 4.32　上层圆柱的升力系数分布

4.4.5　脉动升力系数和脉动阻力系数

图4.33和图4.34分别给出了脉动升力系数（C_{lf}）和脉动阻力系数（C_{df}）。Alam等[6]的实验结果也列在其中。可以看出C_{lf}和C_{df}的值先减小再增加，最后趋于稳定，C_{lf}和C_{df}的值与单圆柱的数值几乎相同。从图4.29中可看出间距比在$1.1 \leqslant T/D \leqslant 2.6$范围内，升力和阻力的脉动值由强到弱，再由弱到强。这说明，在间距比极小时，圆柱上下表面的压力值偏离平均值较大。这是因为间隙流的流动被阻挡，尾流主要是从两侧边界层分离的涡流相互作用形成较大的漩涡。同时，间隙流的随机偏转对漩涡也产生影响，使得涡量场的分布变化较大，导致了圆柱边界层内涡元的速度变化较大。当间距比增大，间隙流的阻碍降低，引起表面压力分布的变化逐渐趋于平稳，这样导致升力和阻力的脉动系数趋于平稳。随着间距比的进一步增加，间隙流发生偏转和宽窄尾流的作用，使得圆柱表面的表面压力变化较大，导致了升力和阻力脉动性较大。

这说明流体对柱体的影响变化较大。随着间距比递增，不对称的流逐渐变为对称流，圆柱之间的影响逐渐减弱，圆柱表面压力变化趋于平稳。在不对称范围内，由于窄尾流的作用，导致圆柱表面的压力变化较大，阻力和升力偏离平均值较大，从而导致窄尾流产生的阻力和升力的波动性较大。

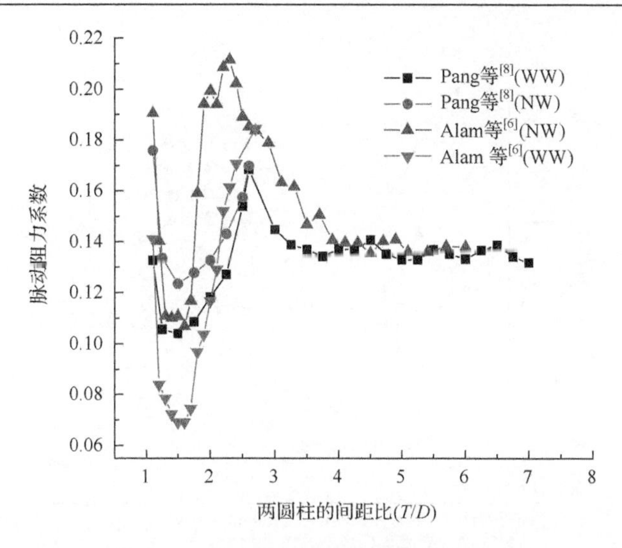

图 4.33　脉动阻力系数随间距比的分布

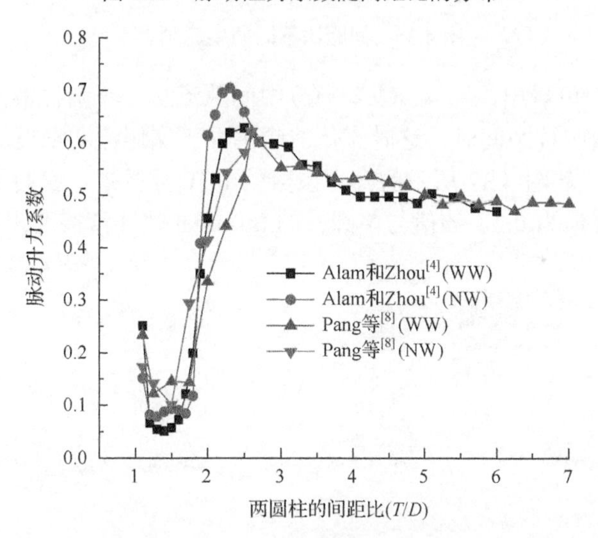

图 4.34　脉动升力系数随间距比的分布

4.4.6　Strouhal 数和中间频率

图 4.35 给出了圆柱的表面涡流分离的频率随间距比的分布。在 $T/D \leqslant 2.6$ 时，宽尾流和窄尾流的 Strouhal 数的分布与 Alam 等[6]的实验结果吻合地较好。当 $T/D > 2.6$ 时，两圆柱的 Strouhal 数接近单圆柱的值，其值为 0.196。此外，我们发现在宽尾流和窄尾流的频率之间存在一组 Strouhal 数，它们与单圆柱的值更为接近。

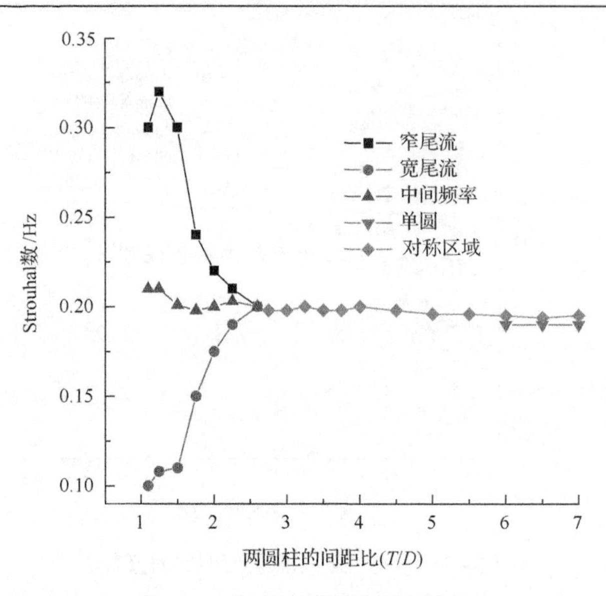

图 4.35　间距比不同的尾流频率

从图 4.36 中可看出，图 4.36(a)～(c)中间隙流从一个圆柱偏向另一个圆柱。当间隙流处于两圆柱中间时，这时流体的频率介于宽尾流和窄尾流的频率之间，如图 4.35 所示。从图 4.37 所示的升力系数的 FFT 分析中，我们可以观察到三个峰值。第二个峰值为 0.2，该值与单圆柱的 Strouhal 数非常接近。

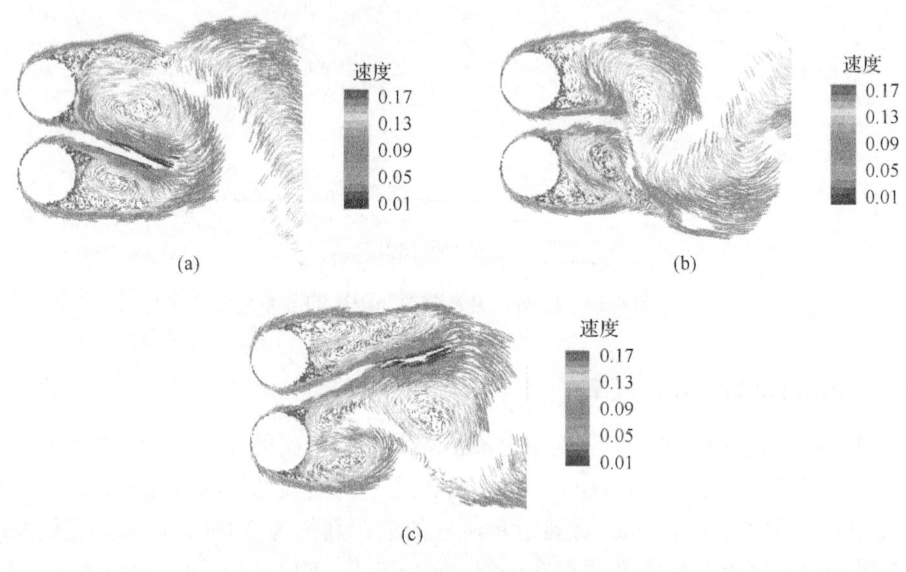

图 4.36　宽窄尾流模式($T/D=1.5$)

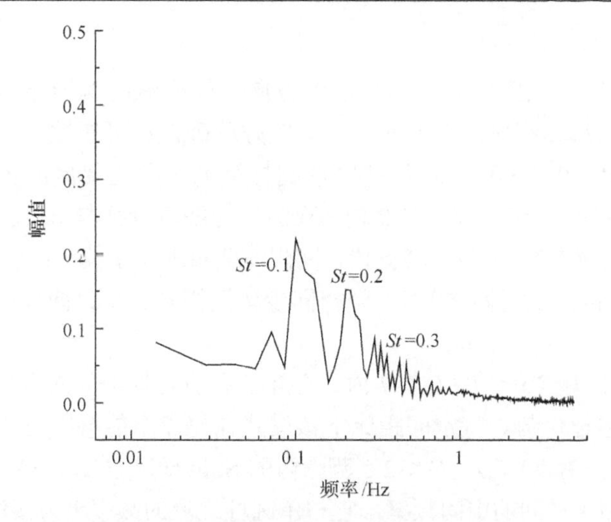

图 4.37 升力系数的频谱分析（T/D=1.5）

4.5 小 结

本章采用离散涡方法，结合并联双圆柱的结构，建立了并联双圆柱绕流的计算模型。对于并联双圆柱绕流，处理进入圆柱内的点涡时，需要同时考虑两个圆柱对点涡的影响。为此我们重新推导了双圆周影响点涡的计算公式，并从理论上阐述了处理点涡进入双圆柱的过程。采用保角变换和双圆周定理进行变换关系的推导，获得了由双圆周到两同心圆的转换公式。结合双圆周定理，推导出双圆周对点涡速度场影响的计算公式。由于圆柱外的点涡迅速偏离圆柱，较远的点涡对圆柱的圆周性的影响减弱。为此，我们着重分析了圆柱外点涡数目对计算精度的影响。利用间隙中点诱导速度的方向与间隙流偏转方向同步的特征，提出一种区别宽窄尾流的新方法。

研究表明：

(1) 双圆柱外放置 1 个点涡和 5 个点涡的表面压力的相对误差仅有 0.05%。这说明，圆周外放置点涡数目的多少对计算结果的影响微乎其微。因此，这里采用圆柱外放置一个点涡的方案足以满足计算精度要求。

(2) 处理进入圆柱内的点涡时，只注意到一个圆柱对点涡的影响，的确忽略了另一个圆柱对点涡的影响。为此我们重新推导了双圆周影响点涡的计算公式，并从理论上阐述了处理点涡进入双圆柱的过程。采用保角变换和双圆周定理进行变换关系的推导，获得了由双圆周到两同心圆的转换公式。结合双圆周定理，推导出双圆周对点涡速度场影响的计算公式。由于圆柱外的点涡迅速偏离圆柱，较远的点涡对圆柱的圆周性的影响减弱。为此，我们着重分析了圆柱外点涡数目对计算精度的影响。

(3)基于两圆柱间隙中点的诱导速度方向与间隙流的偏转方向同步的特性所建立的区别宽尾流和窄尾流的方法，具有较好准确性和可靠性。

(4)雷诺数为 Re=6.0×10^4 的并联双圆柱绕的三种主要尾流区域中存在五种模式：在小间距比 1.1≤T / D≤1.2 内，双圆柱的绕流特征与单圆柱的绕流特征相似；在不对称区域 1.2＜T / D≤2.6 内，间隙流随机地发生偏转；在对称区域 2.6＜T / D≤7 内，存在三种流体模型：同相同步尾流模式、反相同步尾流模式及混合尾流模式。

(5)在对称区域 2.6＜T / D≤7 内，存在三种流体模型，同步反相流动模式在多种模式中占主导优势，特定间距比下该模式在尾流中能持续较长的时间。

(6)在间距比为 1.1≤T / D≤2.6 范围内的 Strouhal 数(St)，存在一种介于窄尾流和宽尾流的频率之间的中间频率，它与单圆柱绕流的频率更为接近。

(7)通过比较证明，多圆周内引入的点涡对相互独立对双圆绕流的影响在实际要求之中。

参 考 文 献

[1] Pashaev O K, Yilmaz O. Vortex images and q-elementary functions[J]. Journal of Physics A: Mathematical and Theoretical, 2008, 41(13): 135-207.

[2] Hori E. Experiments on flow around a pair of parallel circular cylinders[C]//Proceedings of the 9th Japan National congress for Applied Mechanics, 1959: 231-234.

[3] Pang J H Zong Z, Zhou L, Zou L. A method for distinguishing WW and NW in the flow around two side by side circular cylinders[J]. Chinese Journal of Ship Research, 2016, 11(3): 37-42(CSCD).

[4] Alam M M, Zhou Y. Flow around two side-by-side closely spaced circular cylinders[J]. Journal of Fluids and Structures, 2007, 23(5): 799-805.

[5] Zhou Y, Zhang H J, Yiu M W. The turbulent wake of two side-by-side circular cylinders[J]. Journal of Fluid Mechanics, 2002, 458:303-332.

[6] Alam M M, Moriya M, Sakamoto H. Aerodynamic characteristics of two side-by-side circular cylinders and application of wavelet analysis on the switching phenomenon[J]. Journal of Fluids and Structures, 2003, 18(3): 325-346.

[7] Afgan I, Kahil Y, Benhamadouche S, et al. Large eddy simulation of the flow around single and two side-by-side cylinders at subcritical Reynolds numbers[J]. Physics of Fluids, 2011, 23(7): 075101.

[8] Pang J H, Zong Z, Zou L, Wang Z. Numerical simulation of the flow around two side-by-side circular cylinders by IVCBC vortex method[J]. Ocean Engineering, 2016, 119: 86-100.

[9] Zdravkovich M M, Pridden D L. Interference between two circular cylinders; series of unexpected discontinuities[J]. Journal of Wind Engineering and Industrial Aerodynamics, 1977, 2(3): 255-270.

[10] 郭明旻. 双圆柱表面压力分布的同步测量及脉动气动力特性[D]. 上海: 复旦大学, 2005.

[11] Igarashi T. Characteristics of a flow around two circular cylinders of different diameters arranged in tandem[J]. Bulletin of JSME, 1982, 25(201): 349-357.

第5章　高雷诺数的串联双圆柱绕流研究

5.1　引　　言

由于速度场的计算公式中圆柱外点涡的个数对双圆周表面压力的影响非常小，为了减少计算量，本章也采用IVCBC涡方法，结合串联双圆柱的结构，建立了串联双圆柱绕流的数值计算模型；对雷诺数为2.5×10^4，间距比在$1.1<T/D<6$内的串联双圆柱绕流进行了研究；给出了串联双圆柱绕流的尾流模式，展示了涡对产生、分裂和融合的过程，阐明了形成原因；分析了双圆柱所受到的表面压力、阻力系数、升力系数、脉动力系数以及升力系数频谱特征；阐述了串联双圆柱绕流的机理，分析得出了间隙中完整的涡对是串联双圆柱特性发生突变的根本原因。

5.2　数 值 模 型

本章采用IVCBC涡方法，结合串联双圆柱的结构，建立了串联双圆柱绕流的数值计算模型，如图5.1所示。其数值方程组的建立与第4章相同。由于第3章已经验证了IVCBC涡方法的收敛性，同时通过算例也证明了单圆柱绕流计算模型的可靠性，并且双圆柱绕流数值模型建立的原理与单圆柱绕流一致。由此认为，串联双圆柱绕流模型的数值计算也具有可靠性。

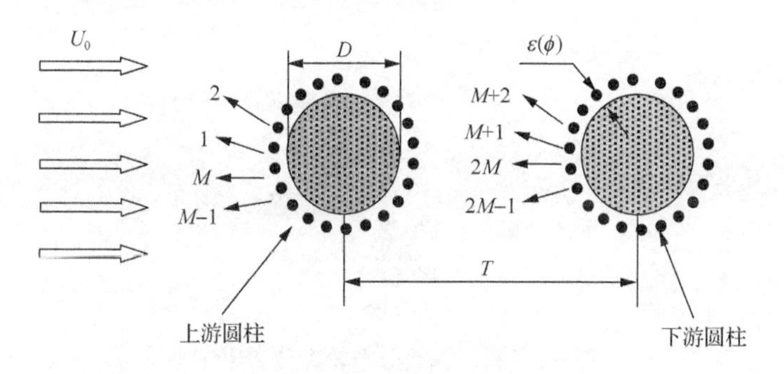

图5.1　新生涡产生的位置

5.3　数值结果与讨论

为了获得高雷诺数下串联双圆柱的绕流特征，根据第3章对IVCBC涡方法收敛性的验证，本章选择计算的参数为：雷诺数为 2.5×10^4，新生涡元的数量为 64，时间步长为 0.1。其中两圆柱的中心间距与圆柱的直径之比 L/D 的范围为 $1.1<T/D<6$。为了便于观察，在给出的所有计算结果中，上游、下游圆柱的计算结果分别在图表中用实线和虚线表示。另外，为了便于比较，与雷诺数接近的实验和数值计算结果也展示在结果中：实心符号表示上游圆柱，空心符号表示下游圆柱。θ 符号表示顶点在圆柱圆心与 X 坐标轴的夹角，左边的圆柱称为上游圆柱，右边的圆柱称为下游圆柱。

5.3.1 涡量分布

图 5.2～图 5.8 给出了当 T/D=1.25, 2, 2.5, 3 及 4 时涡矢量的分布图，从涡量分布图中可以清晰地观察到漩涡的形成、脱落和运动的过程。为了便于比较，Igarashi[1]的经典串联双圆柱绕流模型也标注在图中。图 5.2 展示当 T/D=1.1 时的涡元分布图。从图中，我们观察到从上游圆柱体的剪切层分离的涡流包裹下游圆柱，但涡流没有附着在下游圆柱的上下两层，而是在下游圆柱尾流的相互作用下形成卡门涡街。尾流的特征与单圆柱体的尾流特征相似，只是涡街的形状变大。这是因为涡流从上游圆柱的剪切层分离后连接到下游圆柱的剪切层，等价于延长了上游圆柱剪切层的长度。从图 5.2 中还可以观察到，在下游圆柱体后侧形成了较小的漩涡，但在两圆柱的间隙中没有形成较小的漩涡。这是因为上游圆柱的剪切层脱落后形成的涡流没有进入两圆柱之间的间隙，尽管在间隙的内部圆柱表面也会产生涡元，但其被上游圆柱和下游圆柱之间的间隙包裹，涡元的流动性较弱。

图 5.2 瞬时涡流分布轮廓(T/D=1.1)

图 5.3 展示的是 T/D=1.25 的串联双圆柱涡流分布情况。与 T/D=1.1 时的涡量分布略有不同，从上游圆柱体上侧剪切层分离形成的涡流有部分附着在下游圆柱体的上侧。这是因为当两圆柱之间的间距变大，上游圆柱上侧剪切层分离的涡流不能完全包裹下游圆柱。同时由于下游圆柱周期性的漩涡脱落，导致上游圆柱剪

切层脱落的涡流也周期性地上下摆动，导致一小部分涡流被下游圆柱上侧周期性的阻挡而回流到双圆柱的间隙中，在两圆柱之间的间隙上端形成较小的漩涡，如图 5.3 所示。这些进入间隙中的涡流随着小漩涡的形成和消失在圆柱间隙中间上下摆动。同时可观察到小漩涡的形成及间隔中涡流的振荡与下游圆柱尾流漩涡的形成是同步的，这是因为这三种状态都与下游圆柱旋涡的脱落相关。涡元分布图与 Zdravkovich[2]的经典实验中获得的流体分布图一致，如图 5.3(a)所示。

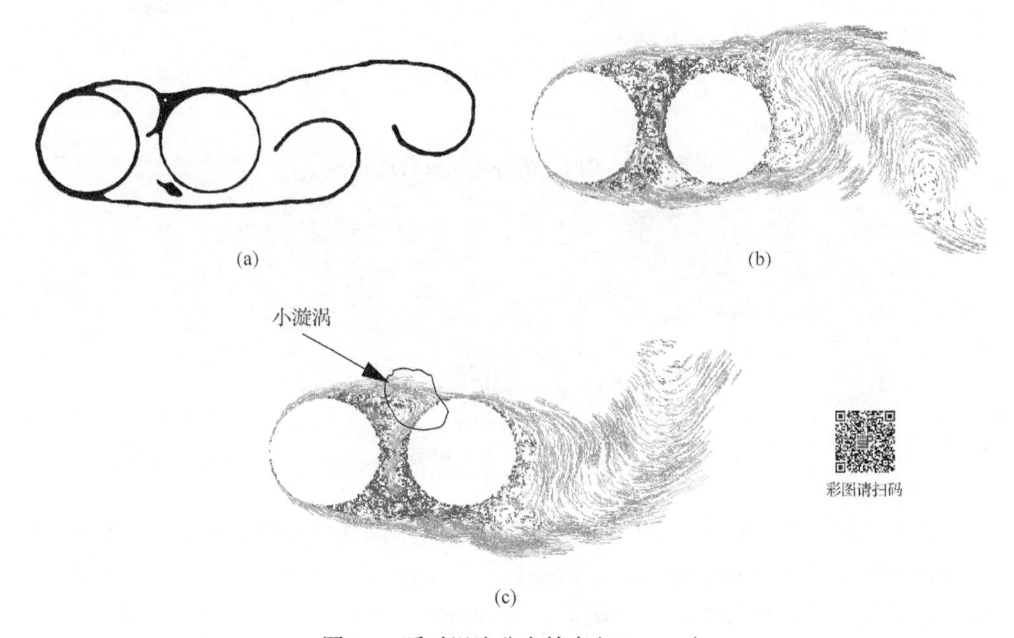

图 5.3　瞬时涡流分布轮廓(T/D=1.25)

图 5.4 展示了 T/D=2 时的涡流分布图。从图中我们可以观察到从上游圆柱剪切层上侧脱落的涡流受到下游圆柱的阻挡，大部分涡流进入两圆柱之间的间隙，形成较大的两个不对称的环流。这是因为下游圆柱旋涡脱落的随机性影响了两圆柱之间的涡流长度和摆动剧烈程度，导致涡流被阻挡后回到间隙中的速度和流量都不一样，从而使得间隙中的涡流不对称。涡流的特点与 Zdravkovich[2, 3]及 Igarashi[1]的实验结果相同，如图 5.4(a)所示。T/D=2.5 时的两圆柱的尾流特点与 T/D=2 时的尾流特点几乎相同，如图 5.5 所示。只是从上游圆柱剪切层分离的涡流的运动宽度比 T/D=2 时窄小一些。这是因为上游圆柱和下游圆柱之间的间距增大，使得回流到间隙中的涡流有更大的回流空间。

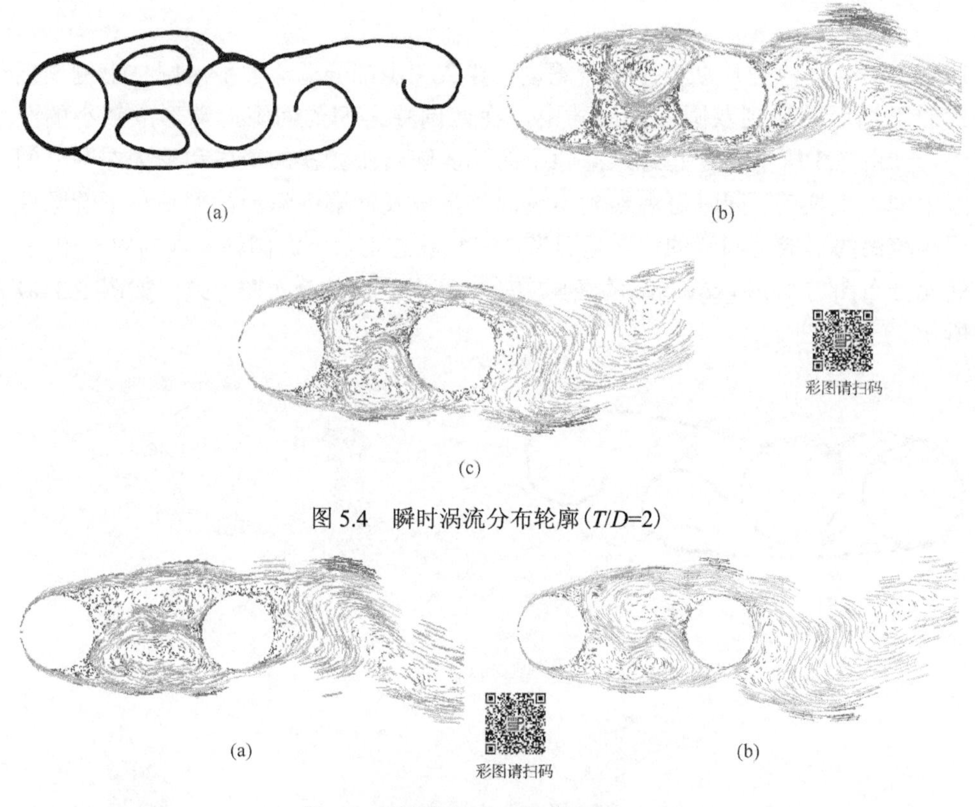

图 5.4 瞬时涡流分布轮廓(T/D=2)

图 5.5 瞬时涡流分布轮廓(T/D=2.5)

图 5.6 展示了 T/D=3 时的三种涡流模型，其中图 5.6(a)展示从上游圆柱剪切层分离的涡流被下游圆柱阻挡，在两圆柱间隙中形成两个对称的环流，而且在下游圆柱的尾流中形成多个较小的漩涡，这种漩涡不再是冯卡门涡街。这是因为上游圆柱剪切层分离的涡流被对称性地阻挡，下游圆柱上下表面周期性分离的涡流强度减弱，导致了尾流中没有较大的涡街形成，而是出现多个较小的漩涡。而在图 5.6(b1)～(b3)中，在下游圆柱的尾流中形成两个较大的漩涡，并且一个距离下游圆柱较近，另一个距离下游圆柱较远。这是因为上游圆柱上下剪切层的涡流周期性地被下游圆柱阻挡，在两个圆柱之间的间隙内形成不对称的环流，导致下游圆柱上下表面的流量差变大，加强了下游圆柱剪切层脱落漩涡的强度，因而尾流中产生较大的漩涡。这种轮廓特点与 Zdravkovich[2, 3]的结果相似，如图 5.6(b1)所示。然而图 5.6(c1)～(c3)下游圆柱体的尾流与经典的流动模型相似，但是上游圆柱剪切层的涡流不对称地接近下游圆柱体的上下侧，一侧的涡流接近下游圆柱体的上侧，而另外一侧的涡流被全部阻挡。这表明尾流即将被全部阻挡在间隙中形成漩涡，这个状态是串联双圆柱绕流发生突变的前兆。这种流动特点与 Zdravkovich[2, 3]及 Igarashi[1]的结论相同，如图 5.6(c1)所示。

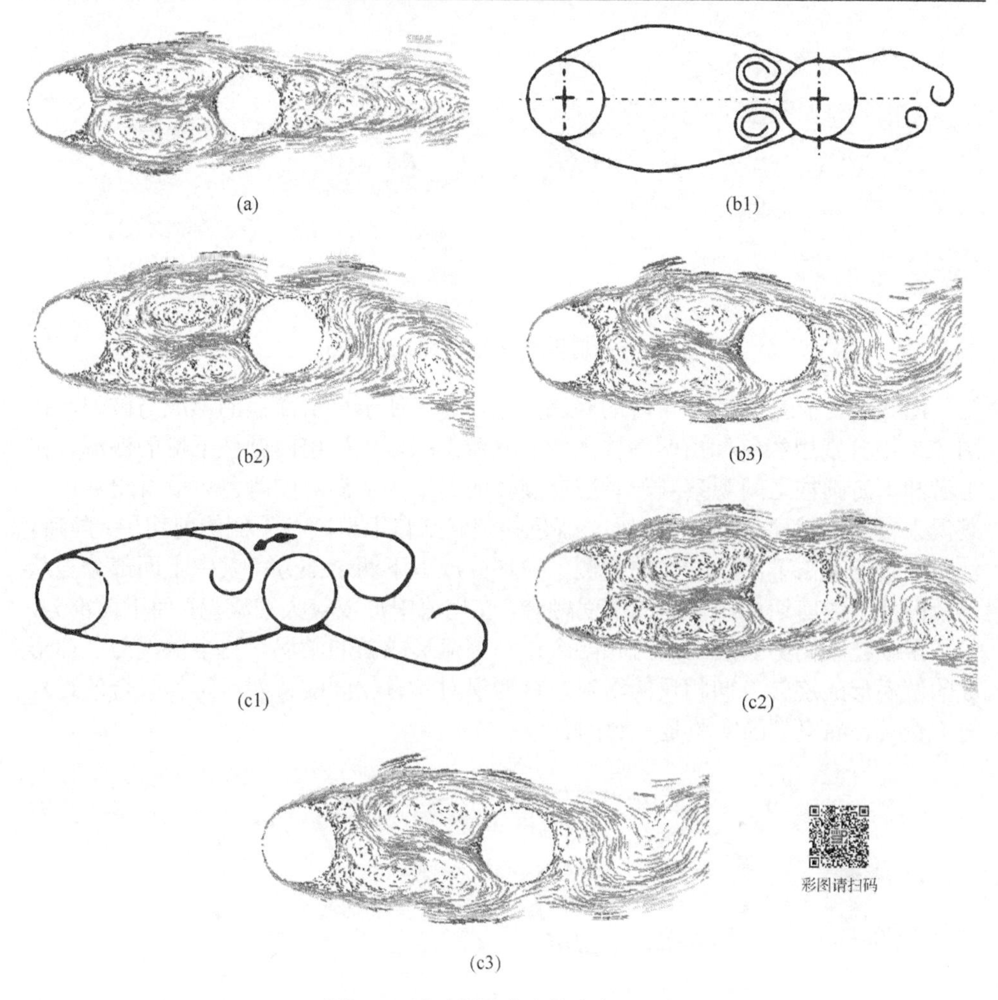

图 5.6　瞬时涡流分布轮廓（T/D=3）

前面所给出的 5 种间隙比的尾流特征，都有一个共同的特点，就是在两个圆柱的间隙之间有环流存在，但在间隙之间没有形成漩涡，即出现涡对。这一特点是区别突变前后流体力产生变化的主要依据，同时这一特点也表明在未发生突变前所有间隙比的流体力具有相似的特点。

图 5.7 展示了 T/D=3.25 时的涡流分布，从图中可以看出其涡流的流动明显不同于前面的 5 种涡流形式：上游圆柱体剪切层的涡流不再附着在下游圆柱体上，而是从上游圆柱上下两侧交替地脱落，在两圆柱之间未形成卡门涡对。随着时间的推移，这些漩涡撞击下游圆柱体的前侧，在下游圆柱后侧融合，形成稳定的卡门涡街。同时在下游圆柱后侧清晰地观察到成对的较小的漩涡。这些较小的漩涡最后被上游圆柱的涡流融合形成新的较大的漩涡。在双圆柱之间形成完整的涡对，是串联双圆柱绕流发生突变的重要标志。

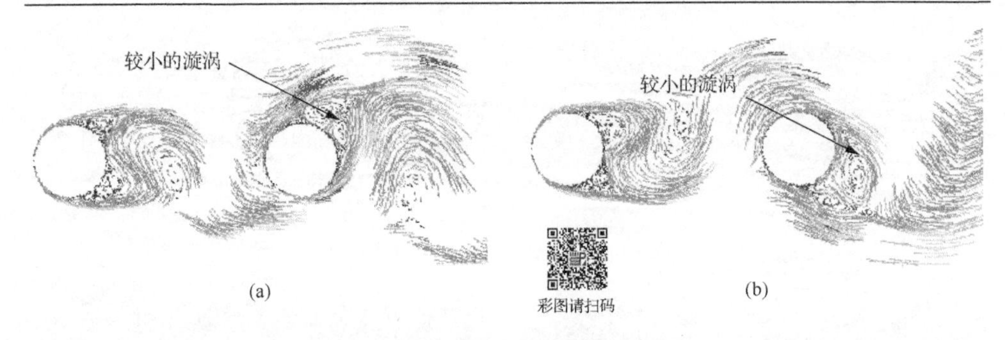

图 5.7　瞬时涡流分布轮廓(T/D=3.25)

图 5.8 展示的是 T/D=4 时的涡流分布。为了便于分析漩涡的形成与破裂，在图 5.8 中分别用红色标出两圆柱上侧的涡流，用蓝色标出两圆柱下侧的涡流。在上游和下游圆柱之间观察到一对逆向旋转的涡对，从涡对的颜色可以看出红色的漩涡来自上游圆柱上侧的剪切层，蓝色的漩涡来自上游圆柱下侧的剪切层。随后，红色的漩涡撞击下游圆柱体的前侧，被切分成上下两个部分：其中上面部分与从下游圆柱上侧剪切层脱落后的漩涡融合，在尾流中形成较大的漩涡；而下面部分，与下游圆柱下侧剪切层的涡流相融合，在尾流形成新的漩涡。这个漩涡与之前形成的漩涡形成旋转方向相反的涡对，这两涡对具有相同的特性。这种融合的过程与 Ljungkrona 等[4]的实验是一致的。

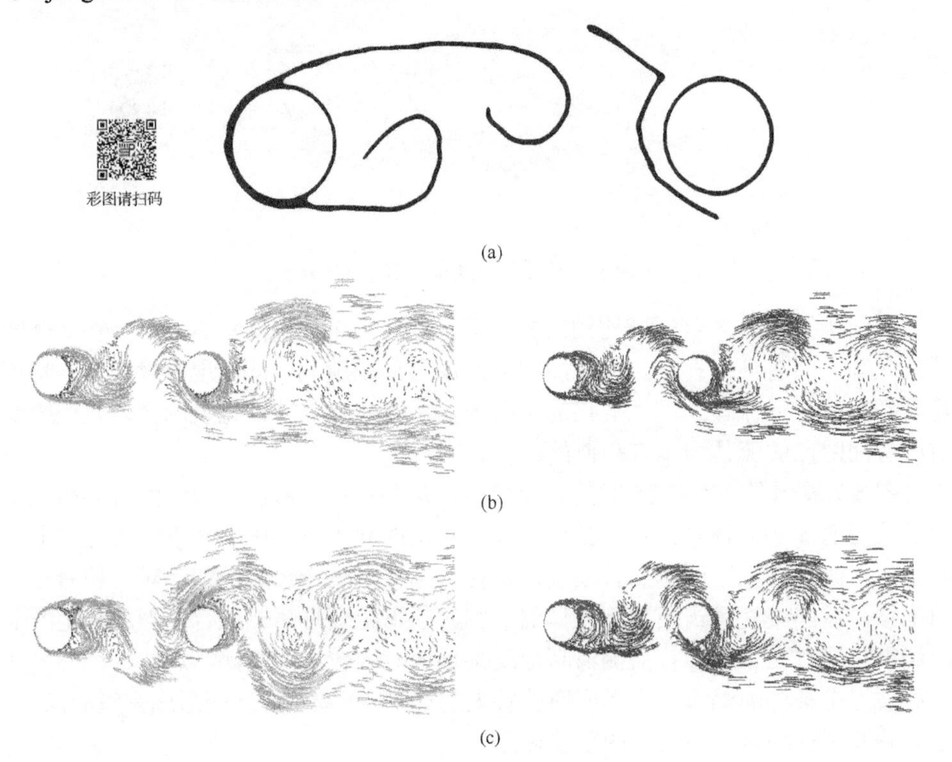

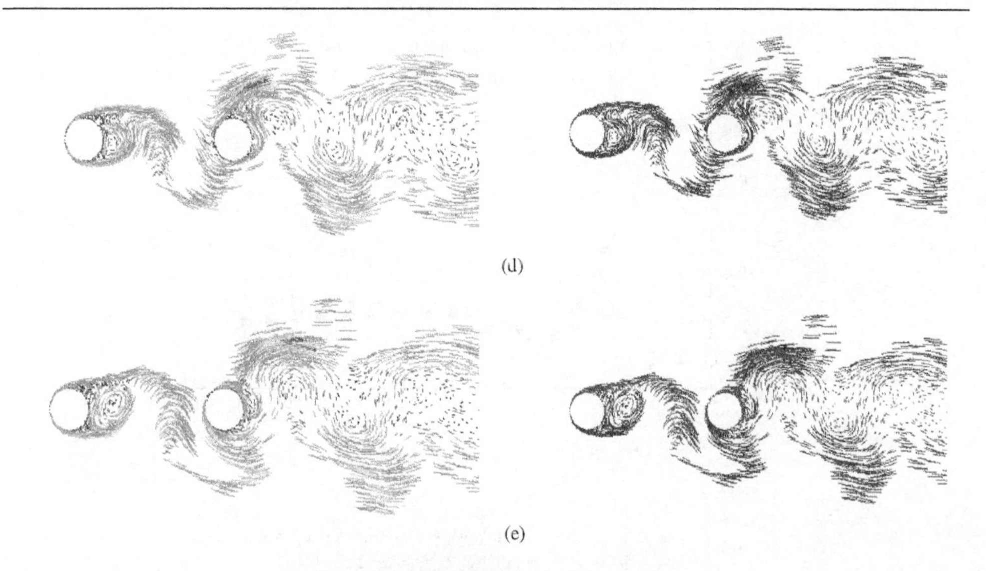

(d)

(e)

图 5.8　瞬时涡流分布轮廓(T/D=4)

5.3.2　压力分布

T/D=1.25, 2, 2.5, 3, 4 时圆柱表面的压力系数分别展示在图 5.9(a)～(e)中。为了便于比较，采用实线和实心符号代表上游圆柱；虚线和空心符号代表下游圆柱。

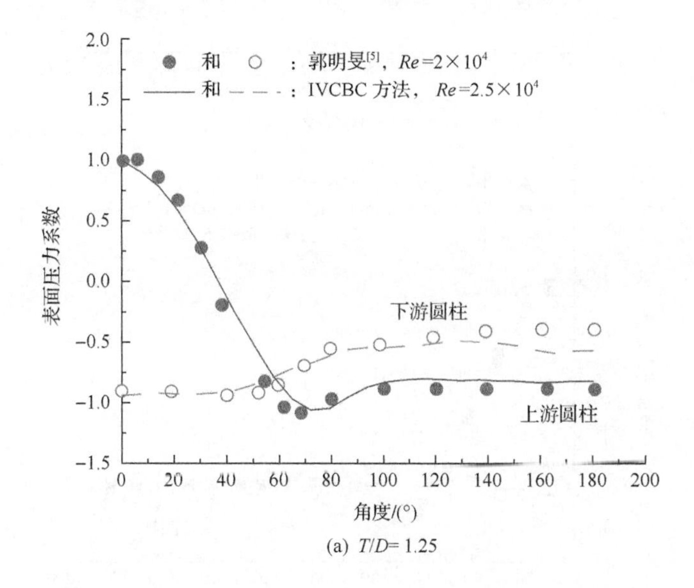

(a) T/D= 1.25

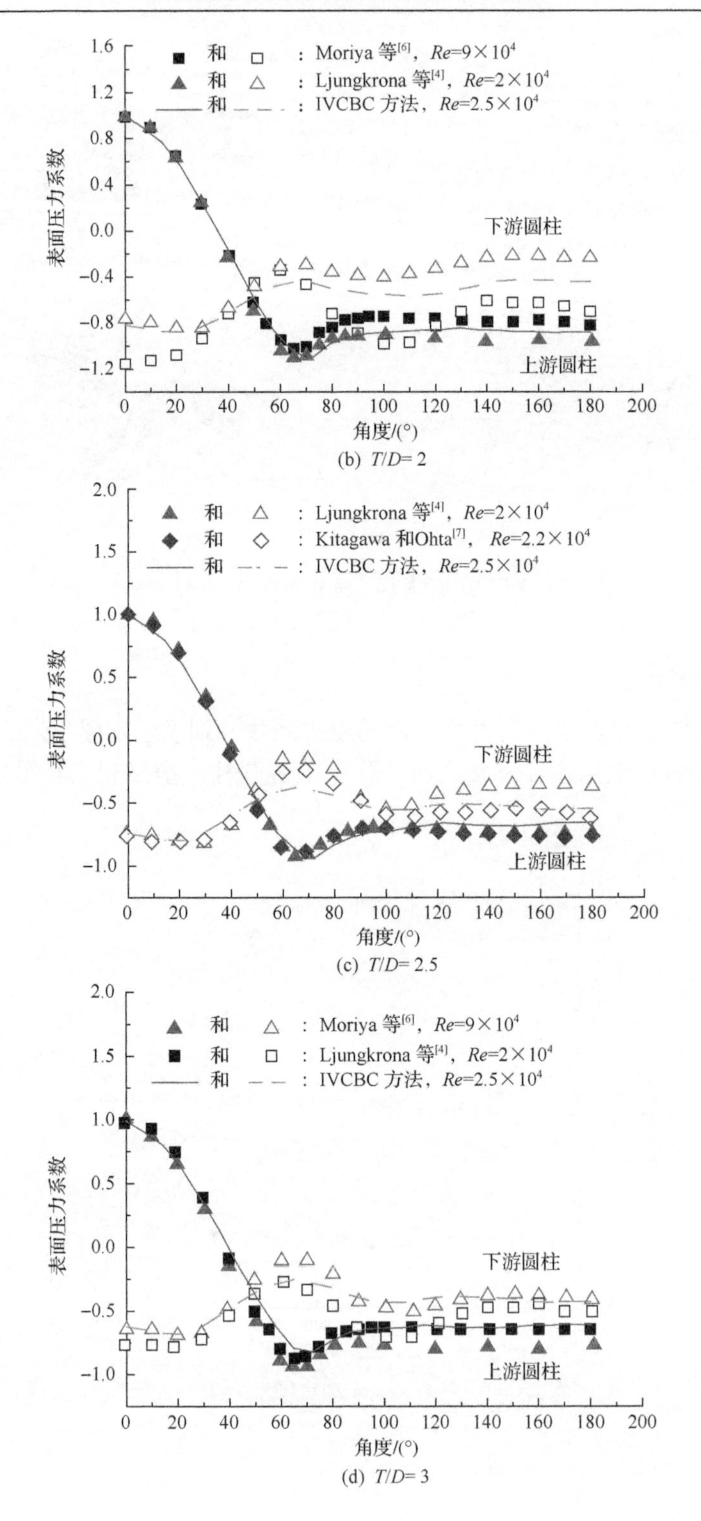

(b) T/D= 2

(c) T/D= 2.5

(d) T/D= 3

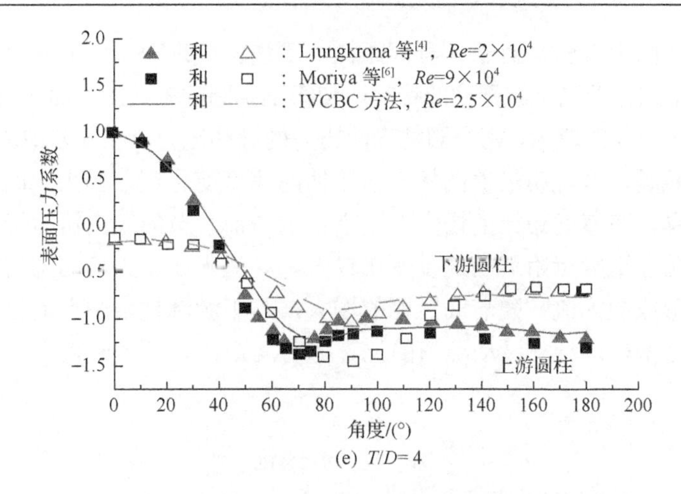

(e) $T/D=4$

图 5.9　圆柱表面压力系数分布

从图 5.9 中可以发现 $T/D\leqslant3$ 时的平均压力系数分布的趋势基本相同，与 5.3.1 节的分析一致，因为它们具有相同的流体模式，即从上游圆柱剪切层分离的涡流没有在两圆柱之间的间隙中形成涡对。同时，我们观察到在下游的圆柱表面 θ=0°处的表面压力值随着 T/D 的增大而略微增加。这说明随着间距增大，在下游圆柱前侧流体驻点的压力也增大。这是因为随着间距的增大，环流的速度变缓。此外，当 $T/D\leqslant3$ 时，我们可以发现下游圆柱的平均压力分布在 θ=72°附近有一个峰值，而且随着间距的增加，其峰值所在位置的 θ 值逐渐变小。这是因为两圆柱之间间距的增大，使得间隙中的环流与下游圆柱表面的接触点逐渐接近 θ=0°处。

当 $T/D=4$ 时，我们发现平均压力系数的趋势与 $T/D\leqslant3$ 时的趋势有明显的区别：上游圆柱后侧的表面压力呈现负增加，而下游圆柱前侧的表面压力却在明显的上升。这是因为从上游圆柱剪切层脱落的漩涡，在上游圆柱的后侧形成低压区，这与单个圆柱绕流在其后形成的低压区一样。而下游圆柱前侧需要切分间隙中的漩涡，使得表面的速度变化较大，从而其前侧的表面压力升高。但由于上游圆柱的屏蔽作用，导致下游圆柱的前侧压力始终低于上游圆柱的压力。从图 5.9 看出平均压力系数与现存的实验数据具有较高的吻合性，但是峰值却比实验值要大。这是因为目前的研究是针对二维绕流进行计算的，忽略了流体的三维影响；另外一个原因可能是我们在每一个圆柱体表面假定的涡流系的数目是 64。随着涡流数目的增加，表面压力系数的精确度可能会提高。

5.3.3　脉动表面压力分布

当 T/D=1.25, 2, 2.5, 3 及 4 时，圆柱表面的脉动压力分别如图 5.10(a)～(e)所示。其中实线和实心符号代表的是上游的圆柱体，虚线和空心符号代表的是下游的圆柱体。从图中看出，对于 5 种间距比，下游圆柱表面压力的振荡幅度较大，这是因为下游圆柱受到上游圆柱的扰动，使得下游圆柱表面的表面压力振荡强烈。同时可看出随着 θ 的增大，两个圆柱表面压力的脉动压力值在逐渐增加，达到一个峰值后逐渐减缓，这说明沿着圆柱表面流体的速度变化逐渐增大。同时，我们发现峰值的位置，随着间距比的增大而减小，这与前一节的表面压力峰值有相同的趋势。这说明在附触点附近的速度变化较大，导致表面压力偏离均值较大。上游圆柱剪切层形成的涡流，随着间距比的增大，与下游圆柱附触点的位置，逐渐向 θ=0°的位置处偏移，导致脉动峰值的位置随着间距比的增大而减小。

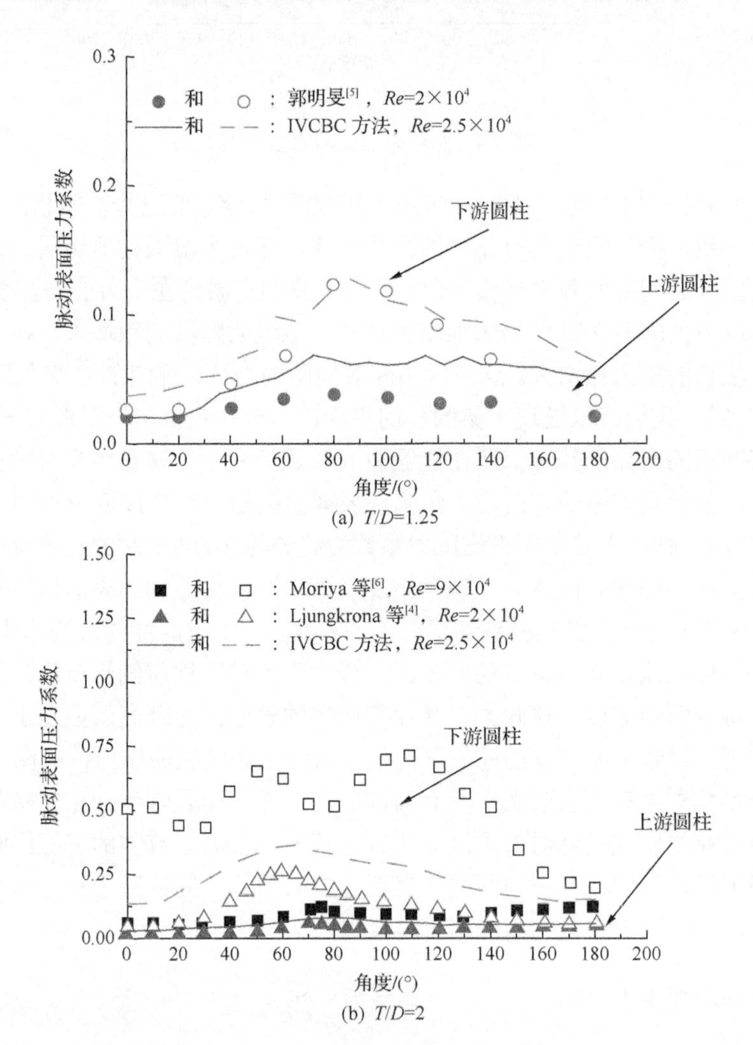

(a) T/D=1.25

(b) T/D=2

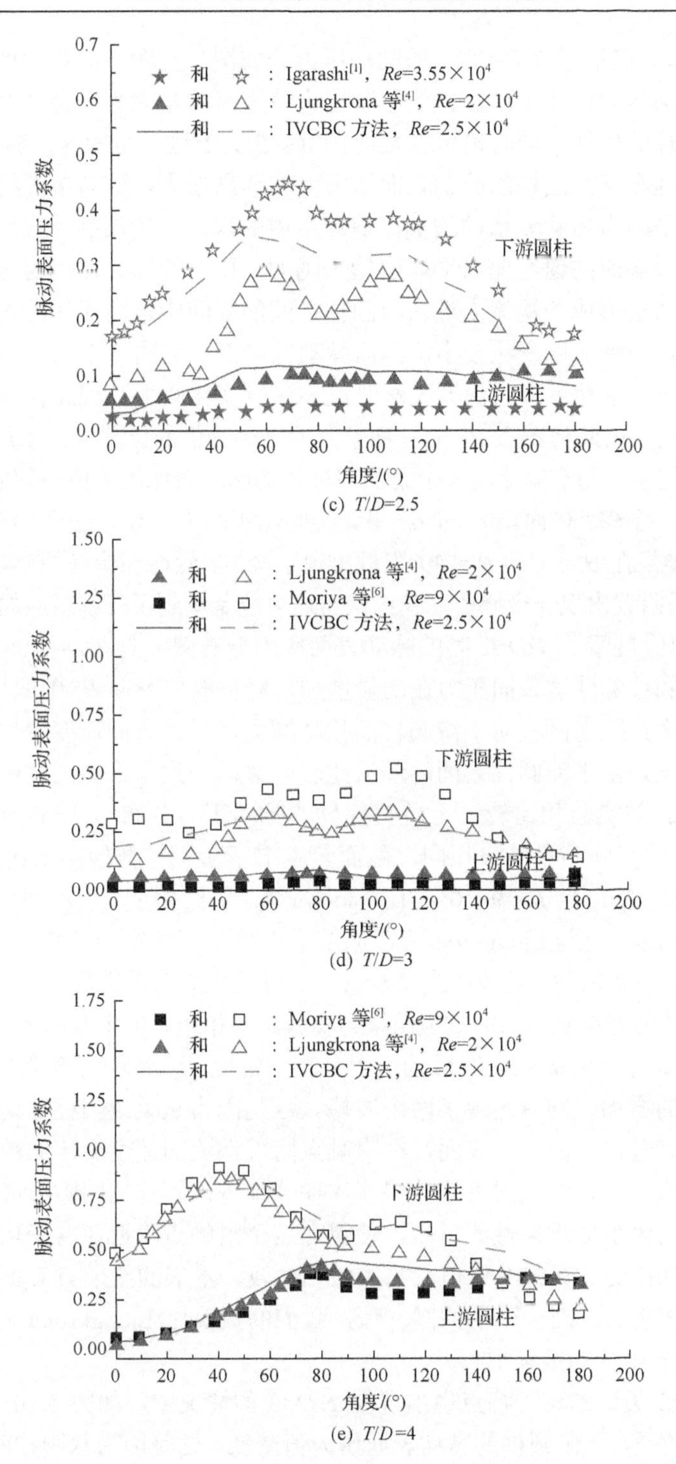

(c) $T/D=2.5$

(d) $T/D=3$

(e) $T/D=4$

图 5.10　圆柱表面上的脉动压力系数分布

图 5.10(a)展示了 T/D=1.25 的脉动压力分布图。从图中，我们可以观察到下游圆柱的脉动压力值比上游圆柱的脉动压力值大。这是因为下游圆柱的表面压力受到上游圆柱的扰动。同时也可以发现在 $0<\theta<82°$这一范围内，随着 θ 值的增加，上游圆柱和下游圆柱的脉动表面压力值在逐渐增大，这与单圆柱绕流的脉动性相似。这是因为随着 θ 值的增加，剪切层内的涡流开始振荡，直至脱离剪切层的束缚，导致涡流的速度偏离平均值越来越大，压力的脉动性也随之增大。由于上游圆柱剪切层形成的涡流未进入两圆柱之间的间隙中，因而涡流对上游圆柱后侧的扰动小，导致速度变化较小，因而脉动性降低。从图 5.10(a)中看出 $82°<\theta<180°$时，曲线逐渐下降。涡流脱落时流体速度变化较大，因此在涡流脱落位置的脉动值较大。由此从图 5.10(a)中观察到的这个峰值的位置应该就是涡流从柱体表面分离的位置。与实验比较，上游的圆柱体的脉动表面压力值与郭明旻[5]的实验结果相吻合。当 $\theta\geqslant60°$时，本书的结果比实验结果略大一点。对于下游的圆柱体而言，我们的结果在 θ=85°和 θ=140°附近出现了峰值，然而郭明旻[5]的实验结果仅仅在大约 70°的附近出现一个峰值，我们认为这可能是受到了三维效应的影响。

图 5.10(b)展示了 T/D=2 时的脉动表面压力分布图。与 T/D=1.25 时的分布图比较，下游圆柱的脉动表面压力在明显增加，峰值的位置向 θ=0°偏移。这说明，随着间距增大，上游圆柱对下游圆柱的扰动增大，导致表面速度变化增大及压力的脉动性增大。由于双圆柱之间的环流比较明显，导致了下游圆柱内侧的涡流速度变化较大。与实验相比较，上游圆柱体的脉动压力分布与 Ljungkrona 等[4]在 $Re=2\times10^4$ 时的实验测量结果相同。然而，本书下游圆柱体的结果比 Ljungkrona 等[4]的结果大一些。当 $Re=9\times10^4$ 时比 Moriya 等[6]的结果小。下游圆柱体的峰值出现在 θ=60°附近，这与 Ljungkrona 等[4]的结果相吻合。当 $Re=9\times10^4$ 时，Moriya 等[6]给出的结果有两个峰值，这表明当 T/D=2 时，脉动压力对雷诺数非常敏感，这可以推断出雷诺数的差异是本书的数值结果与实验结果相矛盾的主要原因之一。

图 5.10(c)表示 T/D=2.5 时脉动压力分布的情况。可以看出随着下游圆柱脉动表面压力值的增加，同时出现了两个波峰。这是因为从上游圆柱剪切层分离的涡流周期性地附着在下游圆柱表面，在附触点附近涡流的速度变化比较大，从而出现第一个波峰。周期性地附着导致涡流周期性地进入圆柱的间隙形成环流，这样在下游圆柱前侧形成周期性的附着，使得在这个附触点附近速度变化较大，这样就形成了脉动压力的第二个峰值。与实验相比较，本书的结果与 Ljungkrona 等[4]的实验结果相吻合。对于下游的圆柱体，我们的数值比 Ljungkrona 等[4]的结果大一些，比 Igarashi[1]的结果小。

与 T/D=2 类似的这种特点也出现在 T/D=3 的情况中，如图 5.10(d)所示。与 T/D=2 不同的是，下游圆柱的脉动表面压力值降低。这是因为双圆柱间隙的增加，使得下游圆柱的外侧和内侧附触点附近的速度变化趋于平稳，从而导致脉动压力值变小。从 $T/D=3$ 的涡流分布图可以看出，$T/D=3$ 的涡流流场变得平稳，说明其扰动性减弱。这一特点与脉动表面压力值变小是一致的。

图 5.10(e)给出了 $T/D=4$ 时脉动表面压力的分布。从图中可看出，上游和下游圆柱的脉动表面压力值都在变大。这是因为上游圆柱剪切层形成的涡流周期性地脱落后，在双圆柱的间隙中形成涡对，这强烈地影响了上游圆柱表面涡流的速度，导致上游圆柱脉动表面压力增大。下游圆柱切分间隙中的涡对，在其尾流中融合，这个过程强烈地影响了下游圆柱剪切层中的涡流速度，导致下游圆柱受到强烈的扰动，从而使下游圆柱表面压力脉动性增大。

5.3.4　阻力系数和升力系数

图 5.11 展示了不同间距比的平均阻力系数 C_d，其中实线和实心符号代表的是上游的圆柱体；虚线和空心符号代表的是下游的圆柱体。为了与实验结果相对比，Kitagawa 和 Ohta[7]、Ljungkrona 等[4]及 Igarashi[1]得到的结果也展示在图中。

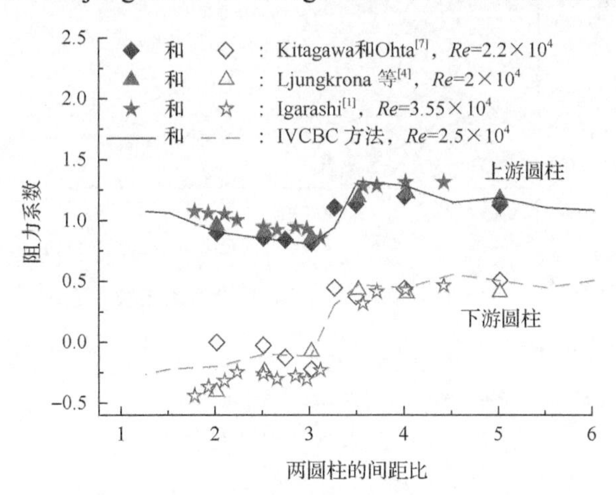

图 5.11　圆柱体的平均阻力系数

从图 5.11 中可观察到，在 $T/D\leqslant3$ 的范围内，上游圆柱体的 C_d 随着 T/D 的增大而减小，并且在 $T/D=3$ 时为最小值。这说明，涡流在上游圆柱后侧的表面压力值逐渐增大，这与表面压力分析的结论一致。随着间距比的增加，圆柱之间的涡流速度逐渐减小，导致上游圆柱后侧的表面压力增大，因此压力值减小。由于下游圆柱受到从上游圆柱剪切层的分离的涡流和下游圆柱漩涡脱落的共同影响，下游圆柱后侧的表面压力大于前侧的压力，因而下游圆柱体的 C_d 值都为负值。由于间隙层的中间压力增大，下游圆柱的阻力值逐渐增大。当 $T/D>3.25$ 时，由于双圆柱之间的间隙中有涡对形成，上游圆柱后侧的表面压力值减弱，从而阻力突然增大。下游圆柱要切分涡对，这使得圆柱前侧的表面压力迅速增大，从而导致下游圆柱的阻力值为正，但由于上游圆柱对来流的屏蔽作用，这又使得下游圆柱的阻力始终比上游圆柱的阻力小。本书的结果趋势与现存文献中的实验结果相似，但是，下游圆柱体在 $T/D<3$ 时，C_d 值比 Ljungkrona 等[4]的实验结果的 C_d 值要大一些。下游圆柱的 C_p 值比 Ljungkrona 等[4]实验结果小。这表明流体的三维效应会增加间隙流动的不稳定性，进而影响了圆柱体上的压力分布。

图 5.12 和图 5.13 分别展示了脉动升力系数和阻力系数 C_{lf} 和 C_{df}。为了做比较，

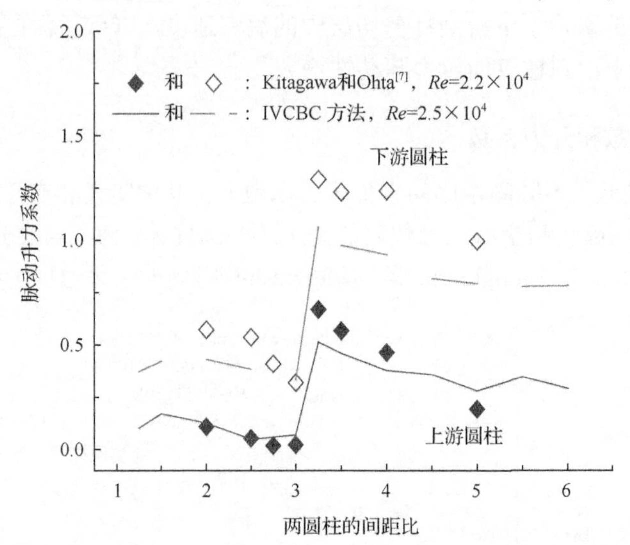

图 5.12　圆柱体的平均脉动升力系数

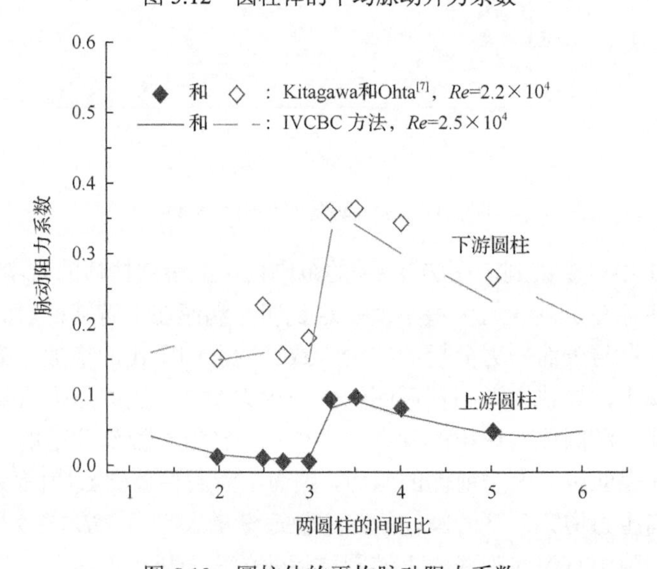

图 5.13　圆柱体的平均脉动阻力系数

Kitagawa 和 Ohta[7]得到的计算结果也展示在其中。与图 5.11 展示的 C_d 相似，这些临界区域内快速增长。虽然对应于 $T/D \leqslant 3.25$ 的 C_{lf} 和 C_{df} 值基本与 Kitagawa 和 Ohta[7]的数值模拟结果相吻合，但是相比于下游的圆柱体在 $T/D > 3.25$ 时的 C_{lf} 和 C_{df} 值要小一点。造成这种矛盾的原因是当 $T/D > 3.25$ 时，三维效应对两个圆柱体的影响比较强烈，流体变得更加不稳定，这将增加 C_d 和 C_l 的波动。但是，我们的研究是基于二维空间的，所以阻力系数和升力系数的波动比 Kitagawa 和 Ohta[7]的结果略趋于平缓。

5.3.5 Strouhal 数

Strouhal 数是从下游圆柱升力系数的功率谱中获得的，它体现了圆柱表面泄涡频率的大小。图 5.14 展示了 Strouhal 数随着 T/D 变化的曲线图。从图中看出，当 $T/D \leqslant 3$ 时，Strouhal 数随着 T/D 的增大而快速地减小，这说明上游圆柱的泄涡频率随着两圆柱之间的间距增大而减小。在 $T/D=3$ 时达到最小值。当 $T/D=3$ 时，下游圆柱体升力系数的功率谱显示出两个峰值 $fD/U=0.145$ 和 0.167，如图 5.15 所示。这表示，在这个范围内漩涡有两种脱落模式。当 $T/D > 3.25$ 时，Strouhal 数随着间距比的增加而增大，这说明间距比的增大使得泄涡频率增大。这是因为两圆柱之间出现了涡对，导致下游圆柱泄涡频率增大。这与实验得到的结果相吻合。

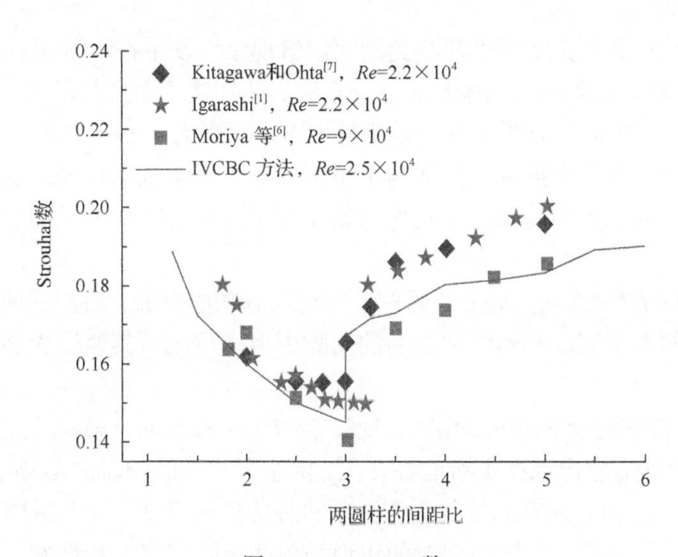

图 5.14　Strouhal 数

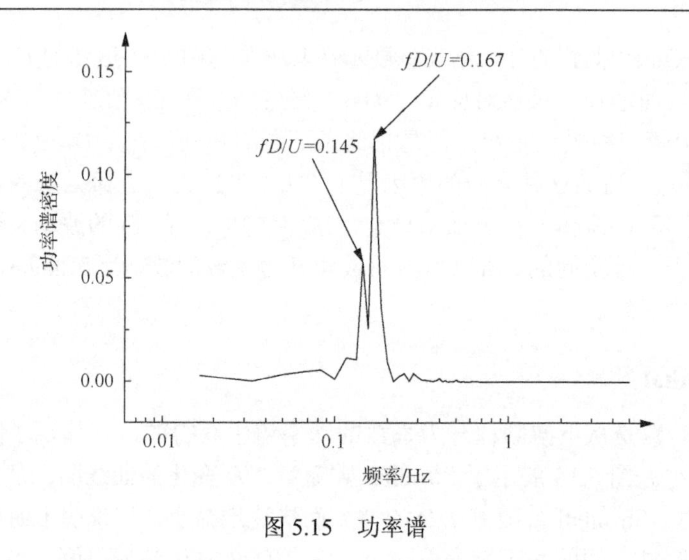

图 5.15　功率谱

5.4　小　　结

本章采用 IVCBC 涡方法，结合串联双圆柱的边界条件建立了串联双圆柱的数值计算模型，研究分析了雷诺数为 2.5×10^4，T/D 的范围在 1.1～6 时的双圆柱体绕流的特点[8]。

(1) 当 $T/D<3.25$ 时，可以观察到漩涡脱落现象只发生在下游圆柱体处。当 $1.1\leqslant T/D\leqslant1.25$ 时，从上游圆柱体剪切层分离的涡流连接下游圆柱的剪切层，并包裹着下游圆柱体，涡流没有附着在下游圆柱上下表面。当 $1.25<T/D\leqslant2$ 时，间隙中的涡流做周期性的上下振荡，频率与下游圆柱体的泄涡频率相同。这表明，间隙之间小漩涡的形成周期及间隙中流体的振动周期与下游圆柱上涡的脱落周期是同步的。

(2) 当 $2\leqslant T/D<3$ 时，从上游圆柱体剪切层分离的涡流，周期性地附着在下游圆柱体表面的上下侧，在两圆柱之间的间隙中形成环流，其速度大小随间距比的增大而减小。

(3) 当 $T/D=3$ 时有三种流动模型出现。当 $T/D>3.25$ 时，漩涡的脱落不仅发生在下游圆柱体处，也出现在上游圆柱体上。两个圆柱体的漩涡脱落频率基本相同。其中在 $T/D=3.25$ 时，所有的流体力和脉动流体力产生突变，这是因为两圆柱之间出现了涡对。这表明，间隙中涡对的出现是串联双圆柱绕流特性发生突变的根本原因。

(4) 从获得的表面压力分布、升力系数和阻力系数分布，以及脉动表面压力系数分布与涡流分布可以看出，它们之间是辩证统一的。

(5) 该数值计算模型较好地展示了较小漩涡的形成、发展、变化，清晰地展示了间隙中间涡对形成、分裂、融合的过程。这表明，采用 IVCBC 涡方法建立的数值计算模型能更清晰地揭示多圆柱绕流的特征。

参 考 文 献

[1] Igarashi T. Characteristics of a flow around two circular cylinders of different diameters arranged in tandem[J]. Bulletin of JSME, 1982, 25 (201) : 349-357.

[2] Zdravkovich M M. The effects of interference between circular cylinders in cross flow[J]. Journal of Fluids and Structures, 1987, 1 (2) : 239-261.

[3] Zdravkovich M M. Flow Around Circular Cylinders. Volume 2. Applications[M]. Oxford: Oxford University Press, 2003.

[4] Ljungkrona L, Norberg C H, Sunden B. Free-stream turbulence and tube spacing effects on surface pressure fluctuations for two tubes in an in-line arrangement[J]. Journal of Fluids and Structures, 1991, 5 (6) : 701-727.

[5] 郭明旻. 双圆柱表面压力分布的同步测量及脉动气动力特性[D]. 上海: 复旦大学, 2005.

[6] Moriya M, Sakamoto H, Kiya M, et al. Fluctuating pressure and forces on two cylinders in tandem arrangement[J]. Transactions of the JSMS, 1983, 49: 1364-1374.

[7] Kitagawa T, Ohta H. Numerical investigation on flow around circular cylinders in tandem arrangement at a subcritical Reynolds number[J]. Journal of Fluids and Structures, 2008, 24 (5) : 680-699.

[8] 庞建华, 宗智, 周力, 等, 基于 IVCBC 涡方法高雷诺数下串联双圆柱的数值计算模型及其尾流特征研究[J]. 船舶力学, 2016.

第6章 立管大挠度计算模型和静平衡分析

6.1 引 言

本章阐述了有限体积法的基本理论；根据有限体节点之间的应变关系和势流驻值理论，获得立管振动的离散化方程；根据有限体应变能的函数关系，推导出单元节点的内力矢量和切线刚度矩阵，进而获得立管的整体矢量力和整体切线刚度矩阵；同时也推导出了立管静力平衡的控制方程，确定了收敛准则和迭代求解的步骤；采用该计算模型，研究了数目不同的有限体对立管静态平衡的影响，并比较了不同流速作用下立管的静力平衡位置。

6.2 有限体积法

有限体积法(finite volume method)是介于有限元法和有限差分法的中间产物。将计算区域划分为一系列不重复的控制体，在每一个控制体中因变量都必须守恒，同时满足因变量的积分守恒，因此对于整个计算区域，因变量的守恒和因变量的积分守恒必然得到满足。有限体积法中离散方程守恒对网格的细密没有太严格的要求。

有限体积法最初是从有限差分法演变而来的。有限体积法与有限差分法相似的地方仅仅是寻求结点的值。但对控制体积的积分，需要采用插值函数，网格点之间的数值分布也必须确定。目前，有限体积法比较广泛地应用于计算流体动力学领域，其中包括流动、传热、燃烧等[1-3]。

有限体积法的离散方法具有灵活多变的特性。最有代表性的两种方法分别是有限体的位移分配方式和有限体的边界位移延伸方式。Bailey 等[1]根据有限元网格特点构造出一个有限控制体，如图 6.1(a)所示。Demirdzic 和 Muzaferija[4]提出了有限体之间的位移为线性分配的方案，如图 6.1(b)所示。Wheel[5]提出了有限体与所有的面单元之间的位移为线性分配方式，如图 6.1(c)所示。

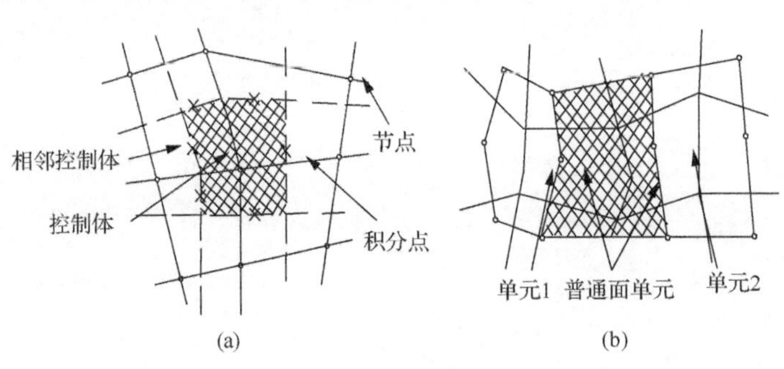

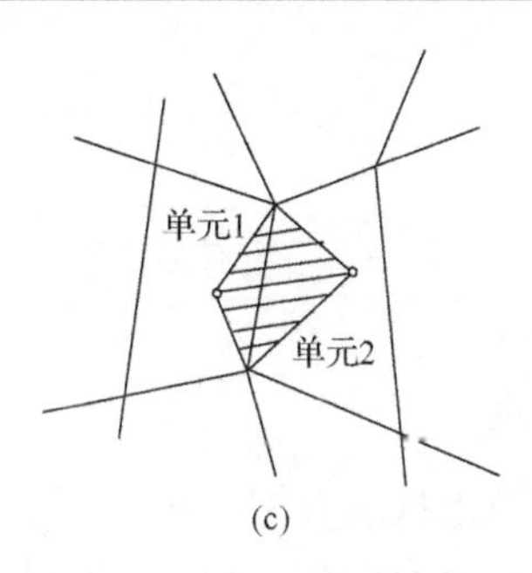

(c)

图 6.1　不同的有限体积法

6.3　立管的有限体积法模型

本章建立的有限体积法有别于传统的有限体积法，虽然与传统的有限体积法的离散方案一致，但离散方程的建立却相似于有限单元法。

二维有限体积离散格式如图 6.2 所示。图中每个单元称为有限体。每个有限体只包含一个节点，利用该节点和相邻节点的坐标计算每一个控制体积的曲率和应变，进而求出其平面外的弯曲应变能和平面内的薄膜应变能。根据有限体守恒特性和可叠加性，总的应变能为各控制体积应变能的代数和。有限体积的离散方法由势能驻值原理[6]推导所得。

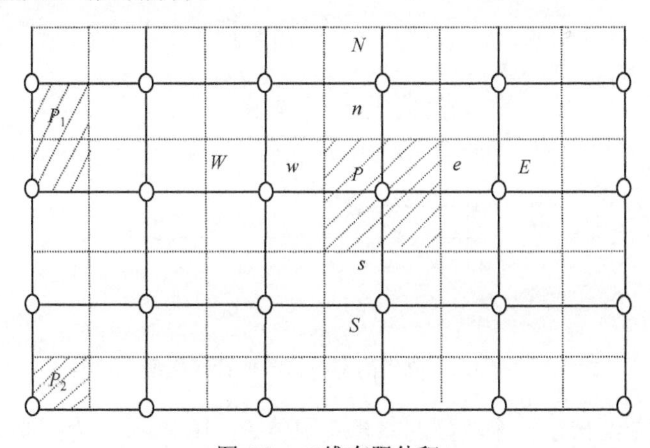

图 6.2　二维有限体积

在图 6.2 中，位于控制体中心的节点叫网格节点 P，位于控制体边界上的四个点叫界面点 e、w、s 和 n。一个控制体有四个控制体相邻，也就是一个节点周围有四个相邻节点 W、E、N 和 S，与节点 P 直接相连。对于边界上的有限体积，通常将节点设置在边界上。向量节点的位移量(或坐标值)就是待求未知量。根据有限体积法的原理，可简化得到一维的有限体积法，其网格分布如图 6.3 所示。

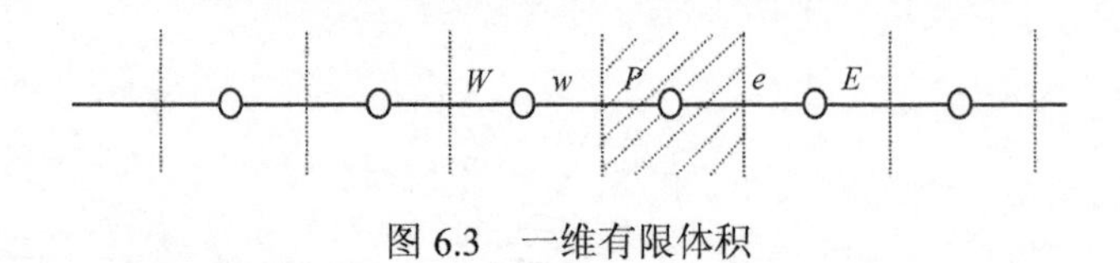

图 6.3　一维有限体积

6.3.1　立管的离散和基本假定

假定在无荷载下立管的静止状态如图 6.4 所示。根据有限体积法，将立管离散成 n 个小段，每一小段为一个有限体。有限体的节点布置在每一小段中点所在位置。边界节点设置在虚线与立管的交点处。

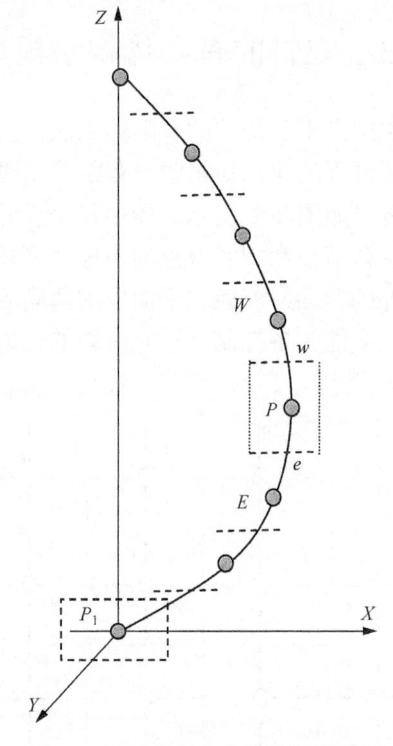

图 6.4　立管的有限体数值计算模型

在图 6.4 中给出了一个典型的立管有限体 P，其中 w、e 为控制节点 P 的两个面节点。W、E 为与该有限体相邻的两个节点。由于在正常工作状态下立管呈现出大位移、小应变的特点，因此本章采用了以下的基本假定。

(1) 忽略立管横截面积的变化；

(2) 忽略每个有限体的垂度；

(3) 立管只受轴向拉力，不受弯矩和扭转；

(4) 立管弹性形变符合胡克定律；

(5) 在笛卡儿坐标系下每个控制节点有三个自由度。

虽然对一个有限体来说是不能描述立管的大变形运动的，但是立管被离散为较多的有限体后，多个有限体的运动便能体现立管的非线性大变形运动，这也是有限体法的一大优势。根据以上的假设，有限体本身的节点和相邻控制体的节点，决定该有限体的形变。然而位于边界上的有限体的形变由自身的节点和相邻控制体的节点决定。

6.3.2 控制体应变能与动能

根据上述基本假定，有限体 P(图 6.5) 的应变分为两部分：Pw 和 Pe 来计算。

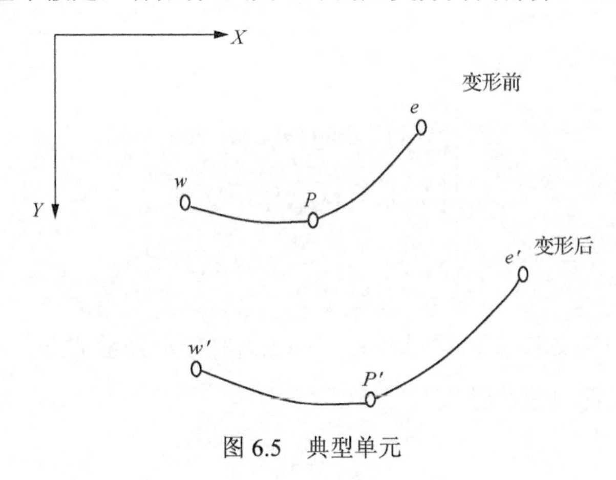

图 6.5　典型单元

假设立管振动或变形前后的控制体 Pe 段的应变率与 eE 段 (图 6.5) 的应变率近似，那么 Pe 段的应变率可以表示成

$$
\begin{aligned}
\varepsilon_{pe} &= \frac{\overline{P'e'} - \overline{Pe}}{\overline{Pe}} = \frac{\overline{P'E'} - \overline{PE}}{\overline{PE}} = \frac{d_{PE} - L_{PE}}{L_{PE}} \\
\varepsilon_{pw} &= \frac{\overline{P'w'} - \overline{Pw}}{\overline{Pw}} = \frac{\overline{P'W'} - \overline{PW}}{\overline{PW}} = \frac{d_{PW} - L_{PW}}{L_{PW}}
\end{aligned}
\tag{6.1}
$$

式中，L_{PE} 表示节点 P 和 E 变形前的长度；d_{PE} 表示节点 P 和 E 变形后的长度；L_{PW} 表示节点 P 和 W 变形前的长度；d_{PW} 分别表示节点 P 和 W 变形后的长度。由此 Pe 段的应变能如下：

$$
V_{Pe} = \frac{1}{2} E A_{\mathrm{o}} \varepsilon_{Pe}^{2} L_{Pe} \tag{6.2}
$$

式中，E 表示立管单元的弹性模量；A_{o} 表示立管单元的横截面积。同理可得 Pw 段的应变能，根据可叠加性，有限体总拉伸应变能为

$$V_P = V_{Pe} + V_{Pw} \tag{6.3}$$

由此 n 个有限体积应变能之和为立管总的应变能，其数学表达式如下：

$$V = \sum_{P=1}^{n} V_P \tag{6.4}$$

根据动能公式，有限体积 P 的动能可表示如下：

$$\{T_P\}^{\mathrm{T}} = \frac{1}{2}[M_P]\left\{X_P^{'2}\right\}^{\mathrm{T}} \tag{6.5}$$

式中

$$\begin{cases} [M_P] = \mathrm{diag}\{m_P, m_P, m_P\} \\ \{\dot{X}_P\}^{\mathrm{T}} = \{\dot{x}_{P1}, \dot{x}_{P2}, \dot{x}_{P3}\}^{\mathrm{T}} \\ \dot{x}_{Pi} = \dfrac{\partial x_{Pi}}{\partial t}, \quad i = 1,2,3 \end{cases} \tag{6.6}$$

其中，m_P 表示有限体积 P 的质量；x_{Pi} $(i=1,2,3)$ 分别表示节点 P 的坐标 x，y，z。

于是整条立管的总动能为

$$T = \sum_{P=1}^{N} T_P \tag{6.7}$$

6.3.3 振动控制方程

通过最小作用量原理[6]，立管的振动控制方程为

$$\int_{\tau_1}^{\tau_2} \delta(T - V)\mathrm{d}t + \int_{\tau_1}^{\tau_2} \delta W_{nc}\mathrm{d}t = 0 \tag{6.8}$$

式中，δ 表示在指定时间内的变分；V 表示立管的位能；T 表示立管的动能；W_{nc} 表示非保守力所做的功。

式(6.8)可以用求导形式来代替，如下：

$$\frac{\mathrm{d}}{\mathrm{d}t}\left(\frac{\partial T}{\partial \dot{X}}\right) + \frac{\partial W_{\mathrm{c}}}{\partial X} + \frac{\partial V}{\partial X} = \frac{\partial W_{\mathrm{e}}}{\partial X} \tag{6.9}$$

式中，W_{e} 为外力所做的功；W_{c} 为阻尼力所做的功。

若振动阻尼是黏滞阻尼，则有

$$W_c = [C]\{\dot{X}\}\{X\}^T, \quad W_e = \{R\}\{X\}^T \tag{6.10}$$

式中，R 为外力。将式(6.4)、式(6.7)和式(6.10)代入式(6.9)中，整理可得

$$[M]\{\ddot{X}\} + [C]\{\dot{X}\} + \{F\} = \{R\} \tag{6.11}$$

式中

$$\{F\} = \frac{\partial V}{\partial X} \tag{6.12}$$

虽然这个系统的质量和阻尼(黏滞阻尼)是线性的，但它的刚度却为非线性的，所以离散后的立管是一个多自由度的非线性系统。其回复力也是非线性函数。若将立管的恢复力记作

$$\{F\} = \{F_1, F_2, \cdots, F_n\} \tag{6.13}$$

则立管在 t_i 时刻的运动方程式为

$$[M]\{\ddot{X}\}_i + [C]\{\dot{X}\}_i + \{F\}_i = \{R_i(t)\} \tag{6.14}$$

本书采用集中质量阵表示，因此[M]是一个对角阵，其表示为

$$[M] = diag\{m_1, m_1, m_1, m_2, m_2, m_2, \cdots, m_n, m_n, m_n\} \tag{6.15}$$

$[C]$为阻尼阵；$\{R_i(t)\}$ 为立管在 t_i 时刻各节点所受到的外力矢量。

6.3.4　内力矢量

在本小节中，将给出立管有限体单元 P 的内力矢量。由式(6.1)可得

$$\varepsilon_{pe} = \frac{d_{PE}}{L_{PE}} - 1 \tag{6.16}$$

对式(6.16)求导可得

$$\frac{\partial \varepsilon_{pe}}{\partial x_{pi}} = \frac{1}{L_{PE}} \frac{x_{Pi} - x_{Ei}}{\sqrt{\sum_{i=1}^{3}(x_{Pi} - x_{Ei})^2}} \tag{6.17}$$

参照单元划分的规则，可以把单元内力矢量 $\{F^e\}$ 表示如下：

$$\left\{F^{e}\right\}=\left\{\frac{\partial V_{P}}{\partial x_{Wi}}\quad\frac{\partial V_{P}}{\partial x_{Pi}}\quad\frac{\partial V_{P}}{\partial x_{Ei}}\right\}^{\mathrm{T}}\tag{6.18}$$

$$\frac{\partial V_{Pe}}{\partial X_{P}}=\frac{1}{2}EA_{\mathrm{o}}\varepsilon_{pe}\frac{\partial\varepsilon_{pe}}{\partial X_{P}}L_{Pe}\tag{6.19}$$

将式(6.17)代入式(6.19)可得

$$\frac{\partial V_{Pe}}{\partial x_{Pi}}=\frac{1}{2}EA_{\mathrm{o}}\varepsilon_{pe}\frac{x_{Pi}-x_{Ei}}{\sqrt{\sum_{i=1}^{3}(x_{Pi}-x_{Ei})^{2}}}\tag{6.20}$$

同理可得

$$\frac{\partial V_{Pw}}{\partial x_{Pi}}=\frac{1}{2}EA_{\mathrm{o}}\varepsilon_{pw}\frac{x_{Pi}-x_{Wi}}{\sqrt{\sum_{i=1}^{3}(x_{Pi}-x_{Wi})^{2}}}\tag{6.21}$$

由 $V_P=V_{Pe}+V_{Pw}$ 可得

$$\frac{\partial V_{P}}{\partial x_{Pi}}=\frac{1}{2}EA_{\mathrm{o}}\varepsilon_{pw}\frac{x_{Pi}-x_{Wi}}{\sqrt{\sum_{i=1}^{3}(x_{Pi}-x_{Wi})^{2}}}+\frac{1}{2}EA_{\mathrm{o}}\varepsilon_{pe}\frac{x_{Pi}-x_{Ei}}{\sqrt{\sum_{i=1}^{3}(x_{Pi}-x_{Ei})^{2}}}\tag{6.22}$$

同理可求出

$$\frac{\partial V_{P}}{\partial x_{Ei}}=\frac{1}{2}EA_{\mathrm{o}}\varepsilon_{pw}\frac{x_{Ei}-x_{Pi}}{\sqrt{\sum_{i=1}^{3}(x_{Pi}-x_{Ei})^{2}}}\tag{6.23}$$

$$\frac{\partial V_{P}}{\partial x_{Wi}}=\frac{1}{2}EA_{\mathrm{o}}\varepsilon_{pw}\frac{x_{Wi}-x_{Pi}}{\sqrt{\sum_{i=1}^{3}(x_{Pi}-x_{Wi})^{2}}}\tag{6.24}$$

至此，给出了所有内力矢量$\{F^e\}$，由此，根据内力矢量与立管位置对应关系便可组装出立管的总体内力矢量。

6.3.5 切线刚度阵

参照单元划分的规则，可以把单元内力矢量$\{F\}$表示如下：

$$\{F\}=\frac{\partial V_p}{\partial X} \tag{6.25}$$

式中，$\{X\}=\{\cdots,x_{W1},x_{W2},x_{W3},\cdots,x_{P1},x_{P2},x_{P3},\cdots\}^{\mathrm{T}}$ 为所有节点的坐标向量；$\{F\}$ 为所有节点的内力矢量。由式(6.25)可得到一个有限体的单元刚度矩阵，表示如下：

$$[K]=\frac{\partial F}{\partial X}=\frac{\partial^2 V_P}{\partial X\partial X} \tag{6.26}$$

式中，$[K]$为立管的整体切线刚度阵。

由此，通过单元刚度矩阵 $\{K^e\}$ 或单元内力矢量 $\{F^e\}$，便能获得整体切线刚度矩阵$[K]$。

有限体的单元刚度矩阵为

$$\left[K^e\right]=\begin{bmatrix}\dfrac{\partial^2 V_P}{\partial x_{Wi}\partial x_{Wk}} & \dfrac{\partial^2 V_P}{\partial x_{Pi}\partial x_{Wk}} & \dfrac{\partial^2 V_P}{\partial x_{Ei}\partial x_{Wk}}\\ \dfrac{\partial^2 V_P}{\partial x_{Wi}\partial x_{Pk}} & \dfrac{\partial^2 V_P}{\partial x_{Pi}\partial x_{Ek}} & \dfrac{\partial^2 V_P}{\partial x_{Ei}\partial x_{Ek}}\\ \dfrac{\partial^2 V_P}{\partial x_{Wi}\partial x_{Ek}} & \dfrac{\partial^2 V_P}{\partial x_{Pi}\partial x_{Ek}} & \dfrac{\partial^2 V_P}{\partial x_{Ei}\partial x_{Ek}}\end{bmatrix} \tag{6.27}$$

在单元刚度矩阵中有 9 个子矩阵，例如

$$\left[\frac{\partial^2 V_P}{\partial x_{Pi}\partial x_{Wk}}\right]=\begin{bmatrix}\dfrac{\partial^2 V_P}{\partial x_{P1}\partial x_{W1}} & \dfrac{\partial^2 V_P}{\partial x_{P1}\partial x_{W2}} & \dfrac{\partial^2 V_P}{\partial x_{P1}\partial x_{W3}}\\ \dfrac{\partial^2 V_P}{\partial x_{P2}\partial x_{W1}} & \dfrac{\partial^2 V_P}{\partial x_{P2}\partial x_{W2}} & \dfrac{\partial^2 V_P}{\partial x_{P2}\partial x_{W3}}\\ \dfrac{\partial^2 V_P}{\partial x_{P3}\partial x_{W1}} & \dfrac{\partial^2 V_P}{\partial x_{P3}\partial x_{W2}} & \dfrac{\partial^2 V_P}{\partial x_{P3}\partial x_{W3}}\end{bmatrix} \tag{6.28}$$

由式(6.3)可得

$$\frac{\partial^2 V_P}{\partial x_j\partial x_l}=\frac{\partial^2 V_{Pe}}{\partial x_j\partial x_l}+\frac{\partial^2 V_{Pw}}{\partial x_j\partial x_l},\qquad x_j,x_l=x_{Wi},x_{Pi},x_{Ei};i=1,2,3 \tag{6.29}$$

将式(6.22)～式(6.24)代入式(6.29)，再进行两次微分可以得到

$$
\begin{cases}
\dfrac{\partial^2 V_P}{\partial x_{Ai}\partial x_{Ak}} = EA_o L_{Pa}\left[\dfrac{\partial \varepsilon_{Pa}}{\partial x_{Ai}}\dfrac{\partial \varepsilon_{Pa}}{\partial x_{Ak}} + \varepsilon_{Pa}\left(\dfrac{\dfrac{\partial (x_{Ai}-x_{Pi})}{\partial x_{Ak}}}{d_{PA}L_{PA}} - \dfrac{x_{Ai}-x_{Pi}}{L_{PA}d_{PA}^2}\dfrac{x_{Ak}-x_{Pk}}{d_{PA}}\right)\right] \\
\dfrac{\partial^2 V_P}{\partial x_{Pi}\partial x_{Ak}} = EA_o L_{Pa}\left[\dfrac{\partial \varepsilon_{Pa}}{\partial x_{Pi}}\dfrac{\partial \varepsilon_{Pa}}{\partial x_{Ak}} + \varepsilon_{Pa}\left(\dfrac{\dfrac{\partial (x_{Pi}-x_{Bi})}{\partial x_{Ak}}}{d_{PA}L_{PA}} - \dfrac{x_{Pi}-x_{Bi}}{L_{PA}d_{PA}^2}\dfrac{x_{Ak}-x_{Pk}}{d_{PA}}\right)\right]
\end{cases}
\tag{6.30}
$$

$$
\begin{cases}
\dfrac{\partial^2 V_P}{\partial x_{Pi}\partial x_{Pk}} = \dfrac{\partial^2 V_{Pe}}{\partial x_{Pi}\partial x_{Pk}} + \dfrac{\partial^2 V_{Pw}}{\partial x_{Pi}\partial x_{Pk}} \\
\dfrac{\partial^2 V_P}{\partial x_{Ai}\partial x_{Ak}} = EA_o L_{Pa}\left[\dfrac{\partial \varepsilon_{Pa}}{\partial x_{Pi}}\dfrac{\partial \varepsilon_{Pa}}{\partial x_{Pk}} + \varepsilon_{Pa}\left(\dfrac{\dfrac{\partial (x_{Pi}-x_{Bi})}{\partial x_{Pk}}}{d_{PA}L_{PA}} - \dfrac{x_{Pi}-x_{Bi}}{L_{PA}d_{PA}^2}\dfrac{x_{Ak}-x_{Pk}}{d_{PA}}\right)\right]
\end{cases}
\tag{6.31}
$$

显然$\dfrac{\partial^2 V_P}{\partial x_{Ei}\partial x_{Wk}} = 0$，由式中应变$\varepsilon_{Pa}(Pa = Pw, Pe)$和中间变量$f_{PA}$、$f_{PB}$ $(PA = PW, PE; PB = PW, PE)$以及$d_{PA}(PA = PW, PE)$，因此有

$$
\begin{cases}
\dfrac{\partial \varepsilon_{Pa}}{\partial x_{Ai}} = \dfrac{x_{Ai}-x_{Pi}}{L_{PA}d_{PA}} \\
\dfrac{\partial \varepsilon_{Pa}}{\partial x_{Pi}} = \dfrac{x_{Pi}-x_{Ai}}{L_{PA}d_{PA}} \\
\dfrac{\partial \varepsilon_{Pa}}{\partial x_{Ak}} = \dfrac{x_{Ak}-x_{Pk}}{L_{PA}d_{PA}} \\
\dfrac{\partial \varepsilon_{Pa}}{\partial x_{Pk}} = \dfrac{x_{Pk}-x_{Ak}}{L_{PA}d_{PA}}
\end{cases},\quad Pa = Pw, Pe; PA = PW, PE
\tag{6.32}
$$

6.3.6 单元的边界处理

对于在边缘上的有限体单元P_1的内力矢量$\{F^e\}$可表示为

$$
\{F^e\} = \left\{\dfrac{\partial V_P}{\partial x_{Pi}} \quad \dfrac{\partial V_P}{\partial x_{Ei}}\right\}^{\mathrm{T}}
\tag{6.33}
$$

单元切线刚度矩阵$[K^e]$可表示为

$$\left[K^e\right]=\begin{bmatrix}\dfrac{\partial^2 V_P}{\partial x_{Pi}\partial x_{Pk}} & \text{对称} \\ \dfrac{\partial^2 V_P}{\partial x_{Ei}\partial x_{Pk}} & \dfrac{\partial^2 V_P}{\partial x_{Ei}\partial x_{Ek}}\end{bmatrix} \tag{6.34}$$

以上两式中的微分都与之前的典型有限体单元的微分形式相同。

6.4　立管的静力平衡

6.4.1　静力平衡的控制方程

假设绕立管的流体为定常流，那么立管会受到恒定的冲击力和自身重力的作用，在这些力的作用下，立管会保持一种相对稳定的状态，这种状态具有足够的刚度和稳定性，从而产生平衡于洋流冲击的应变力，最终以达到立管处于静平衡的状态。这种平衡状态先于涡激振动产生的载荷作用而存在，可称为立管的静力学平衡。它本质上描述了定常流动载荷和在自身重力作用下立管的内力和位移的分布。

在该假设条件下，立管的总势能由下式表示：

$$\begin{gathered}\varPi=V+U_g+U_{ex}=\sum_{P=1}^{n}\left(V_P+U_{Pg}+U_{Pex}\right)\\ U_{Pg}=-m_P g z_P\end{gathered} \tag{6.35}$$

式中，U_g为重力作用下的势能；U_{ex}为流体冲击荷载下的势能；g为重力加速度；m_P为有限体积P的质量；z_P节点P的垂向坐标。根据总势能驻值原理有

$$\delta\varPi=\delta\left(V+U_g+U_{ex}\right)=0 \tag{6.36}$$

即

$$\frac{\partial\varPi}{\partial x_{Pi}}=\frac{\partial V}{\partial x_{Pi}}+\frac{\partial\left(U_g+U_{ex}\right)}{\partial x_{Pi}}=0,\quad P=1,2,\cdots,n;\ i=1,2,3 \tag{6.37}$$

式中，$x_{Pi}\left(i=1,2,3\right)$为节点$P$的三维坐标值。由于应变能为非线性，所以式(6.37)为非线性方程组。为了便于采用迭代的方法求解，该方程组可改写为

$$
\begin{cases}
\{F\}-\{R\}=0 \\
\{F\}=\dfrac{\partial V}{\partial X} \\
\{R\}=-\dfrac{\partial\left(U_g+U_{ex}\right)}{\partial X}
\end{cases}
\tag{6.38}
$$

$\{R\}$ 为结构外力矢量。根据 Newton-Raphson[6]迭代法（见附录 A），方程(6.38)的迭代形式为

$$
\begin{cases}
[K]\{\Delta X\}=\{R\}-\{F\} \\
\{X\}^{i+1}=\{X\}^{i}+\{\Delta X\} \\
[K]=\dfrac{\partial F}{\partial X}=\dfrac{\partial^2 V}{\partial X \partial X}
\end{cases}
\tag{6.39}
$$

式中，$[K]$ 为整体切线刚度阵；$\{X^i\}$ 表示第 i 次迭代坐标向量 $\{X\}$ 的解。为此可通过初始立管的状态，获得总的应变能，得到内力矢量和切向刚度。根据式(6.39)可以获得应变，再获得新的形变，这样迭代下去，直到应变小于规定的收敛值。

6.4.2　收敛准则

一个有效的迭代需要一个合理的收敛准则。本书的迭代收敛的准则为相邻迭代步之间控制节点的坐标差，即

$$
\begin{cases}
\beta=\dfrac{\left|\varDelta^{\text{new}}-\varDelta^{\text{old}}\right|}{\varDelta^{\text{new}}} \leqslant \beta_{\text{d}} \\
\varDelta^{\text{new}}=\left(\sqrt{x^2+y^2+z^2}\right)^{\text{new}} \\
\varDelta^{\text{old}}=\left(\sqrt{x^2+y^2+z^2}\right)^{\text{old}}
\end{cases}
\tag{6.40}
$$

式中，x,y,z 分别为节点的坐标；β_{d} 为位移收敛容差；$\varDelta^{\text{new}}$、$\varDelta^{\text{old}}$ 分别表示节点的新位置和原位置。若所有节点都已满足式(6.40)的要求，则认为该迭代收敛。

6.4.3　迭代求解步骤

假设立管已被离散为若干个有限体积，那么确定该立管最终达到静力平衡状

态的求解步骤如下：

(1) 网格初始化；
(2) 组装节点力的向量 $\{R\}$；
(3) 迭代循环：(4)～(14)；
(4) 区别内部节点和边界节点；
(5) 组建内部节点和边界节点的内力矢量；
(6) 组建内部节点和边界节点的单元切线刚度阵；
(7) 组装总体切线刚度阵 $[K]$ 和总体节点内力向量 $\{F\}$；
(8) 计算所有节点的不平衡力 $\{F\}-\{R\}$；
(9) 计算所有节点的初始位置向量 $\varDelta^{\text{old}}$；
(10) 处理边界上的向量；
(11) 求解非线性方程组(6.39)获得坐标增量矢量 $\{\Delta X\}$；
(12) 通过公式 $\{X\}^{\text{new}}=\{X\}^{\text{old}}+\{\Delta X\}$ 求解新坐标矢量；
(13) 用方程(6.40)判定方程是否收敛；
(14) 若方程未收敛，则跳到第(4)步，否则结束计算。

6.5　静力平衡分析

立管的参数如表 6.1 所示。

表 6.1　立管的参数

参数名称	单位	数值
立管深度 L_R	m	2156
SPAR 平台吃水 D_S	m	144
水深 L	m	2300
弹性模量 E	Pa	2.07×10^{11}
外部液体密度 ρ_o	kg/m^3	1025
内部液体密度 ρ_i	kg/m^3	865
立管材料密度 ρ_R	kg/m^3	7850
水动力阻尼系数 C_2		0.06
结构阻尼系数 C_1		0.003
液体的动力黏性系数 μ		1.3×10^6
内部直径 R_i	m	0.3206
外部直径 R_o	m	0.3556

6.5.1　有限体积数对计算精度的影响

立管中有限体积的个数直接影响着动力响应的计算效率，计算的剖面数目越多，计算所需的时间越长，但是过少的剖面数目，会直接影响计算精度。本书中为了获得合适的剖面数目，分别将立管离散为 50、80、100 个有限体，均匀来流的速度为 0.8m/s。图 6.6 给出了三组有限体数目下立管的静力平衡位置。从图中可以看出，立管的静力平衡位置几乎完全一致。这说明在这个范围内的有限体数目，对计算结果的影响相同。因此，为了提高计算效率，我们选择有限体的数目为 50。

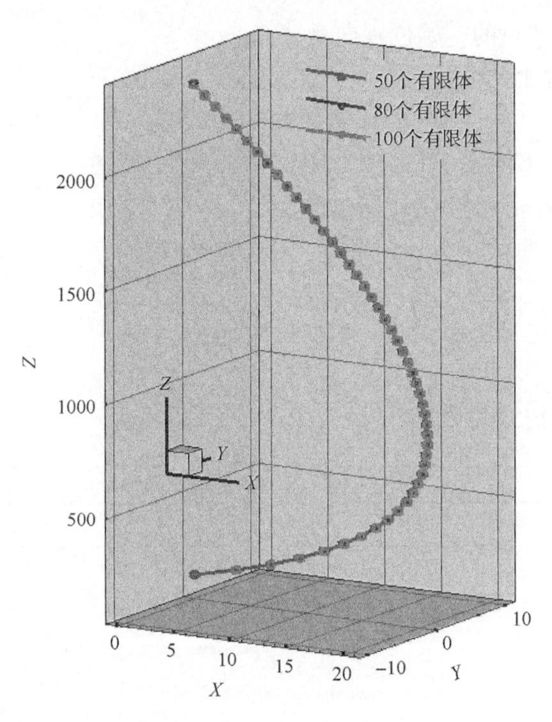

图 6.6　立管平衡位置(不同有限体数目)

6.5.2　不同来流速度下静力平衡位置

由于在不同的来流作用下，立管的平衡位置会不同。为此分别取来流的流速为 0.4m/s、0.6m/s、0.8m/s、1m/s、1.2m/s。图 6.7 给出了立管相应的静平衡位置。从图中可以看出，来流的速度与立管平衡位置的挠度成正比例；而来流速度越小，立管的最大位移点越靠近立管的底部。由此可推断，当来流速度低于一定值时，立管静力平衡时的形状不再是抛物线，底部的立管可能将直接垂落在底部上。

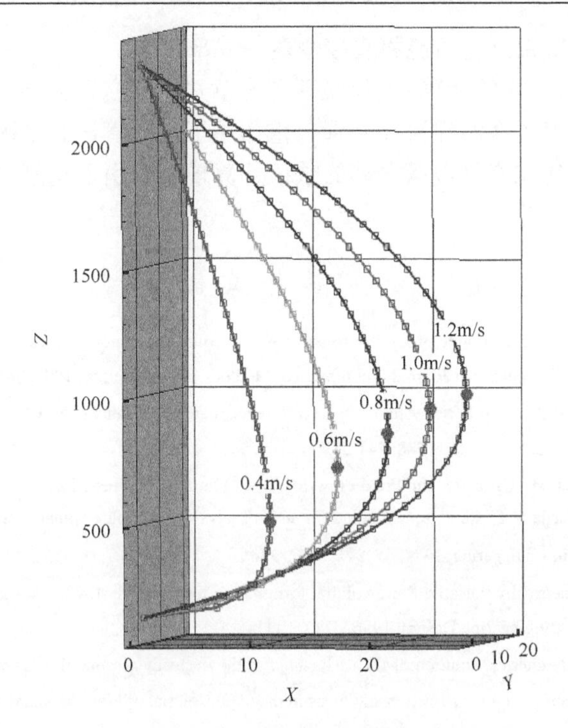

图 6.7　立管的平衡位置(不同来流速度)

6.6 小　结

本章基于有限体积法，建立了立管大挠度分析的离散模型，根据单元节点之间的应变关系，获得了任意时刻有限体积的动能和应变能。由最小作用量原理推导出大挠度振动时立管的离散化方程。根据有限体应变能的函数关系，推导出单元节点的内力矢量和切线刚度矩阵，由此获得立管的整体矢量力和整体切线刚度矩阵。根据总势能驻值原理，获得一组非线性方程组。采用 Newton-Raphson[6]迭代方法和收敛准则，获得该方程组的解。

研究表明：

(1) 立管有限体模型的建立，充分体现了有限体法的优点。本书根据工程实际的特点定义了立管的应变，避免了采用 Almansi 应变或 Green 应变来定义立管的应变。推导内力矢量和切线刚度矩阵的过程充分体现了逻辑的严谨性，也体现了方程的离散和列式的简易性。

(2) 采用了不同剖面数和不同来流速度计算立管的静平衡位置。计算结果表明，立管离散的数目在 50～80 范围内，立管静平衡的位置变化较小；来流的速度与立管平衡位置的挠度成正比；当来流速度低于一定值时，立管静力平衡的形状不再是抛物线，底部立管可能将直接垂落在底部上。

(3)通过静力平衡的计算，不仅验证了本章建立的立管大挠度静力分析方法的正确性，而且获得了在海洋流和立管自重作用下，立管达到平衡状态时的总切向刚度。为下一章建立立管涡激振动的数值计算模型，引入动刚度矩阵奠定了理论基础。

参 考 文 献

[1] Bailey C, Cross M. A finite volume procedure to solve elastic solid mechanics problems in three dimensions on an unstructured mesh[J]. International Journal for Numerical Methods in Engineering, 1995, 38 (10) : 1757-1776.

[2] Raithby G D, Schneider G E. Elliptic systems: finite difference method ll. Handbook of Numerical Heat Transfer[M]. New York: John Wiley & Sons, Ltd., 1988: 241-289.

[3] Patankar S. Numerical Heat Transfer and Fluid Flow[M]. Boca Raton: CRC Press, 1980.

[4] Demirdžić I, Muzaferija S. Finite volume method for stress analysis in complex domains[J]. International Journal for Numerical Methods in Engineering, 1994, 37 (21) : 3751-3766.

[5] Wheel M A. A geometrically versatile finite volume formulation for plane elastostatic stress analysis[J]. The Journal of Strain Analysis for Engineering Design, 1996, 31 (2) : 111-116.

[6] Loc T P, Bouard R. Numerical solution of the early stage of the unsteady viscous flow around a circular cylinder: A comparison with experimental visualization and measurements[J]. Journal of Fluid Mechanics, 1985, 160: 93-117.

第7章　深海单立管涡激振动特性

7.1　引　言

针对立管长细比较大的特点，本章采用IVCBC涡方法，结合有限体积法，引入动刚度矩阵，建立了深海立管涡激振动计算模型，给出了立管模型的计算步骤，并获得了立管涡激振动的数值计算方法；其次验证了该数值计算方法的可靠性；最后运用该数值计算方法，探索了立管耦合前后的振型、尾流模型、流体力的特征，同时采用频谱分析法，分析了立管的振动频率和泄涡频率。

7.2　立管三维数值计算模型

针对深海立管涡激振动的特点，立管被视为质量集中的多自由度系统；利用切片法思想，通过立管二维切片捏合出立管的三维结构；采用IVCBC涡方法计算这些剖面所受到的外载荷。由此，建立立管的三维数值计算模型。

7.2.1　立管的振动分析

分析自由振动的动力响应特性，将有助于研究更复杂载荷作用下涡激振动的动力响应特性。本章采用有限体积法，由式(6.10)可得到立管自由振动方程的增量形式如下：

$$[M]\{\Delta\ddot{X}\}+[K]\{\Delta X\}=\{0\} \tag{7.1}$$

式中，$\{\Delta X\}$为结构的虚位移；$[M]$为总体质量矩阵；$[K]$为立管初始的总体切线刚度矩阵。

若$\{\Delta X\}=\{A\}e^{i\omega t}$，则式(7.1)可转化为

$$\left([K]-\omega^2[M]\right)\{A\}=0 \tag{7.2}$$

式中，$\{A\}$为相应的特征向量；ω为结构的固有频率。本章采用子空间迭代法，立管的低阶固有频率和固有振型可根据式(7.2)求出。

7.2.2　逐步积分法

由于立管运动位移的变化具有非线性特性，瞬时位移与阻尼和刚度是耦合的，

由此立管系统振动不能采用模态分析方法。因此本章采用数值逐步积分法[1]对立管系统进行分析。

在t_0时刻，在惯性力、阻尼力、回复力及外力作用下，立管系统达到平衡状态，其平衡状态方程为(忽略静压的影响)：

$$f_{I_0} + f_{D_0} + f_{S_0} = R_{t_0} \tag{7.3}$$

式中，f_{I_0}、f_{D_0}、f_{S_0}和R_{t_0}分别为t_0时刻的惯性力、阻尼力、回复力和外力。$t_0 + \Delta t$时刻，系统达到新的平衡状态：

$$f_{I_1} + f_{D_1} + f_{S_1} = R_{t_1} \tag{7.4}$$

方程（7.4）减去方程（7.3）可得运动方程：

$$\Delta f_I + \Delta f_D + \Delta f_S = \Delta R_t \tag{7.5}$$

式中

$$\begin{cases} \{\Delta f_I(t)\} = \{f_I(t+\Delta t)\} - \{f_I(t)\} = \{M\}\{\Delta \ddot{u}(t)\} \\ \{\Delta f_D(t)\} = \{f_D(t+\Delta t)\} - \{f_D(t)\} = [C(t)]\{\Delta \dot{u}(t)\} \\ \{\Delta f_S(t)\} = \{f_S(t+\Delta t)\} - \{f_S(t)\} = [K(t)]\{\Delta u(t)\} \\ \{\Delta R(t)\} = \{R(t+\Delta t)\} - \{R(t)\} \end{cases} \tag{7.6}$$

在式(7.6)中，$[C(t)]$和$[K(t)]$分别为时间增量期间的阻尼和刚度特性的平均值。如图7.1所示的平均斜率，由于具有非线性，只能通过迭代计算。

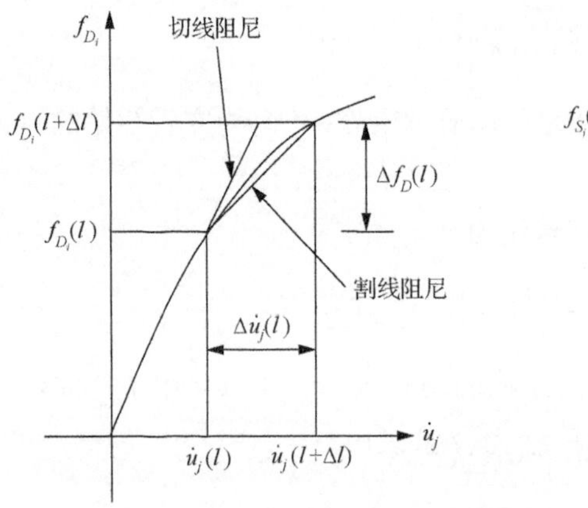

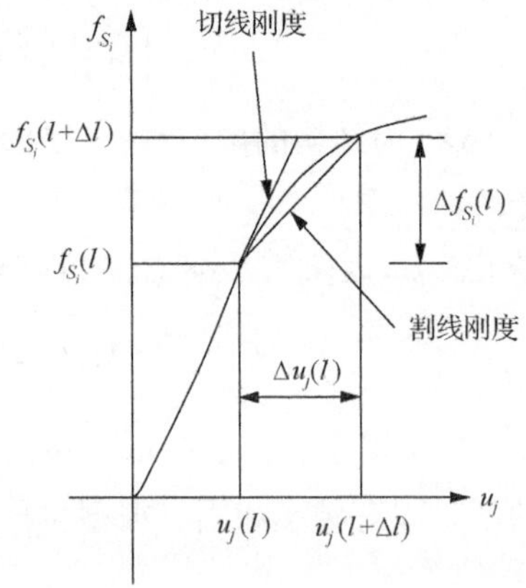

图 7.1　响应系数的表示

为了避免在求解过程中出现迭代，用初始切线斜率来近似阻尼或刚度特性

$$C_{ij}(t)=\left(\frac{\mathrm{d}f_{D_i}}{\mathrm{d}\dot{u}_j}\right)_t,\quad K_{ij}(t)=\left(\frac{\mathrm{d}f_{S_i}}{\mathrm{d}\dot{u}_j}\right)_t \tag{7.7}$$

把式(7.7)代入式(7.5)，得到增量运动方程，其形式为

$$[M]\{\Delta\ddot{u}(t)\}+[C(t)]\{\Delta\dot{u}(t)\}+[K(t)]\{\Delta u(t)\}=\{\Delta R(t)\} \tag{7.8}$$

若加速度在一个时间增量内呈线性变化，且系统动力参数为常量，则可获得这一时间增量末的速度增量和位移增量，如图 7.2 所示。

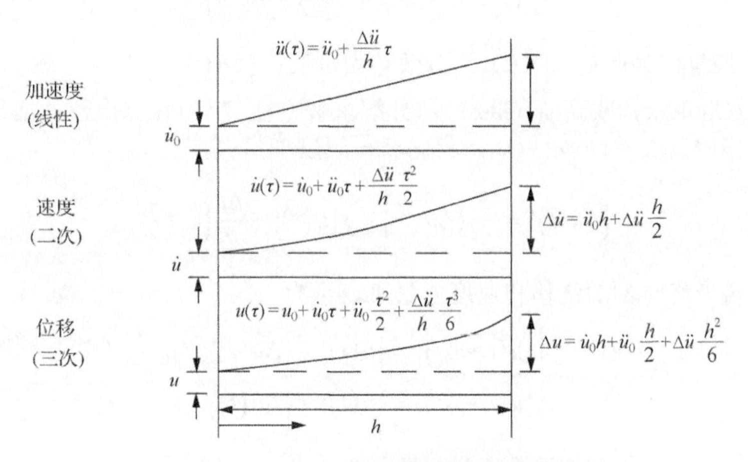

图 7.2　基于线性变化的加速度增量

由图 7.2 可得加速度、速度和位移的增量形式：

$$\{\Delta\dot{u}(t)\}=\{\ddot{u}\}\Delta t+\{\Delta\ddot{u}(t)\}\frac{\Delta t}{2} \tag{7.9}$$

$$\{\Delta u(t)\}=\{\dot{u}\}\Delta t+\{\ddot{u}(t)\}\frac{\Delta t^2}{2}+\{\Delta\ddot{u}(t)\}\frac{\Delta t^2}{6} \tag{7.10}$$

由式(7.10)可得到

$$\{\Delta\ddot{u}(t)\}=\frac{6}{\Delta t^2}\{\Delta u(t)\}-\frac{6}{\Delta t}\{\dot{u}(t)\}-3\{\ddot{u}(t)\} \tag{7.11}$$

将式(7.11)代入式(7.9)可得

$$\{\Delta\dot{u}(t)\}=\frac{3}{\Delta t}\{\Delta u(t)\}-3\{\dot{u}(t)\}-\frac{\Delta t}{2}\{\ddot{u}(t)\} \tag{7.12}$$

将式(7.11)和式(7.12)代入方程式(7.8)，得到位移增量方程

$$\left[\tilde{K}(t)\right]\left\{\Delta u(t)\right\}=\left\{\Delta\tilde{F}(t)\right\} \tag{7.13}$$

式中

$$\left[\tilde{K}(t_i)\right]=\left[K(t_i)\right]+\frac{6}{\Delta t^2}[M]+\frac{3}{\Delta t}[C] \tag{7.14}$$

$$\begin{aligned}\left\{\Delta\tilde{F}(t)\right\}=&\left\{\Delta R(t)\right\}+[M]\left[\frac{6}{\Delta t}\left\{\dot{u}(t)\right\}+3\left\{\ddot{u}(t)\right\}\right]\\&+\left[C(t)\right]\left[3\left\{\dot{u}(t)\right\}+\frac{\Delta t}{2}\left\{\ddot{u}(t)\right\}\right]\end{aligned} \tag{7.15}$$

$\{\Delta u(t)\}$ 为增量位移向量；$[\tilde{K}(t)]$ 为有效动力刚度；$\{\Delta\tilde{F}(t)\}$ 为有效荷载增量。采用乔雷斯基(Cholesky)或高斯(Gauss)法分解求解方程(7.13)计算出位移增量。

当位移增量 $\Delta u(t)$ 确定以后，容易获得速度增量

$$\left\{\Delta\dot{u}(t)\right\}=\frac{3}{\Delta t}\left\{\Delta u(t)\right\}-3\left\{\dot{u}(t)\right\}-\frac{\Delta t}{2}\left\{\ddot{u}(t)\right\} \tag{7.16}$$

该时间增量最终时刻的位移和速度向量可表示为

$$\begin{cases}\left\{u(t+\Delta t)\right\}=\left\{u(t)\right\}+\left\{\Delta u(t)\right\}\\\left\{\dot{u}(t+\Delta t)\right\}=\left\{\dot{u}(t)\right\}+\left\{\Delta\dot{u}(t)\right\}\end{cases} \tag{7.17}$$

该时间增量最终时刻的加速度向量可表示为

$$\left\{\ddot{u}(t+\Delta t)\right\}=[M]^{-1}\left[R(t+\Delta t)-f_D(t+\Delta t)-f_S(t+\Delta t)\right] \tag{7.18}$$

式中，$f_D(t+\Delta t)$ 和 $f_S(t+\Delta t)$ 分别代表了由 $t+\Delta t$ 时刻的速度和位移条件。

7.2.3　计算步骤

1)初始化网格，计算立管所有控制节点的初始坐标

2)进入时间步循环(1)～(9)

(1)时间增量 $t_{i+1}=t_i+\Delta t$ 。

(2)计算该时刻的所有控制节点的外荷载。

(3)计算立管的平衡位置。

(4)形成立管的总质量矩阵和总阻尼矩阵。

(5)计算切线刚度阵$[K(t_i)]$，循环①～⑩。

①区别内部节点和边界节点。

②组建内部节点和边界节点的内力矢量。

③组建内部节点和边界节点的切线刚度阵。

④组装总内力向量 $\{F\}$ 和总切线刚度阵 $[K]$，计算不平衡力 $\{g\}=\{F\}-\{R\}$。

⑤求解所有节点的初始位置向量 Δ^{old}。

⑥处理边界条件。

⑦求解坐标增量矢量 $\{\Delta X\}$。

⑧求解新坐标矢量 $\{X\}^{\text{new}}=\{X\}^{\text{old}}+\{\Delta X\}$。

⑨判断是否收敛。

⑩若方程未收敛，则跳至第①步，否则结束迭代。

(6) 组装有效动刚度矩阵

$$\left[\tilde{K}\left(t_i\right)\right]=\left[K\left(t_i\right)\right]+\frac{6}{\Delta t^2}[M]+\frac{3}{\Delta t}[C]$$

(7) 计算该时刻的 $[\Delta\tilde{F}(t)]$，并计算其有效荷载增量

$$\left\{\Delta\tilde{F}(t)\right\}=\left\{\Delta R(t)\right\}+[M]\left[\frac{6}{\Delta t}\left\{\dot{u}(t)\right\}+3\left\{\ddot{u}(t)\right\}\right]+\left[C(t)\right]\left[3\left\{\dot{u}(t)\right\}+\frac{\Delta t}{2}\left\{\ddot{u}(t)\right\}\right]$$

求解标准静力刚度方程 $[\tilde{K}(t)]\{\Delta u(t)\}=\{\Delta\tilde{F}(t)\}$，获得位移增量 $\{\Delta u(t_i)\}$。

(8) 计算速度、加速度增量

$$\left\{\Delta\dot{u}\left(t_i\right)\right\}=\frac{3}{\Delta t}\left\{\Delta u\left(t_i\right)\right\}-3\left\{\dot{u}\left(t_i\right)\right\}-\frac{\Delta t}{2}\left\{\ddot{u}\left(t_i\right)\right\}$$

$$\left\{\Delta\ddot{u}\left(t_i\right)\right\}=\frac{6}{\Delta t^2}\left\{\Delta u\left(t_i\right)\right\}-\frac{6}{\Delta t}\left\{\dot{u}\left(t_i\right)\right\}-3\left\{\ddot{u}\left(t_i\right)\right\}$$

(9) 计算 t_{i+1} 时刻的位移，速度和加速度

$$\left\{u\left(t_{i+1}\right)\right\}=\left\{u\left(t_i\right)\right\}+\left\{\Delta u\left(t_i\right)\right\}$$

$$\left\{\dot{u}\left(t_{i+1}\right)\right\}=\left\{\dot{u}\left(t_i\right)\right\}+\left\{\Delta\dot{u}\left(t_i\right)\right\}$$

$$\left\{\ddot{u}\left(t_{i+1}\right)\right\}=\left\{\ddot{u}\left(t_i\right)\right\}+\left\{\Delta\ddot{u}\left(t_i\right)\right\}$$

3) 获得所有时刻的加速度、位移、速度和立管张力

7.3　单立管的数值算法的验证

7.3.1　IVCBC 涡方法的验证

在第 3 章中已经验证了 IVCBC 方法的收敛性，得到表面分布的涡数越多、时间步长越短，计算精度越高的结论。综合计算效率和计算精度，本章采用表面分布涡数 N=128、时间步长 Δt =0.05 进行数值计算。

为了验证离散涡方法引起的涡激振动，本书采用 IVCBC 涡方法计算流体作用在圆柱上的载荷，采用弹簧质量刚度系统计算结构振动。本书选用 Stappenbelt 等[2]的实验来检验 IVCBC 涡方法对于涡激振动的准确性和可靠性，其参数如表 7.1 所示：

表 7.1　计算参数

质量比	阻尼比系数	直径/m	雷诺数	固有频率/Hz
10.63	0.053	0.0554	12500～66700	1.084

不同折合速度下单圆柱做横向振动的振动频率和泄涡频率展示在图 7.3 中。从图中可以看出在折合速度为 5.5～8 时，振动产生锁定现象，也可以看出数值计算结果与实验结果吻合地较好。

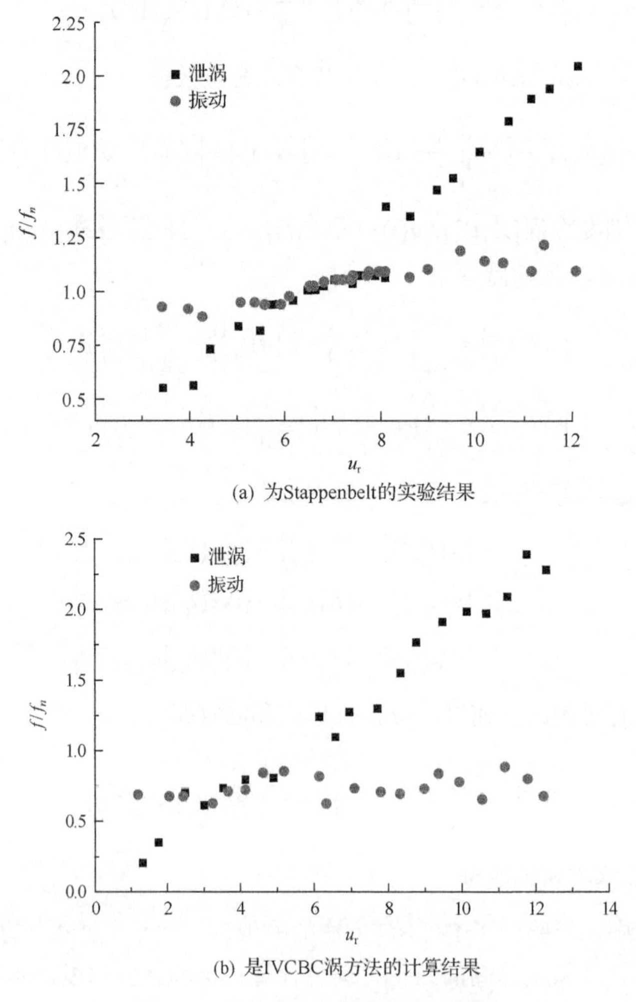

图 7.3　无因次泄涡频率和振动频率

7.3.2　三维模型的验证

本书采用 Chaplin 等[3]实验相关数据进行计算，如表 7.2 所示，并将计算结果与实验结果进行了比较。

表 7.2　实验的基本参数

参数名称	单位	数值
水池长	m	230
宽	m	5
立管直径	mm	28
拖车速度	m/s	0.85
质量比		3
立管总长	m	13.12
弯曲刚度	N/m^2	29.2
顶端张力	N	939
长细比		468.6

图 7.4 给出了本书的计算结果与上述实验结果及梁模型[5]计算结果。从图中可以看出计算结果与实验吻合地较好。而梁模型计算结果较索模型计算结果的精度差。由此，证明了该数值计算模型的可靠性。

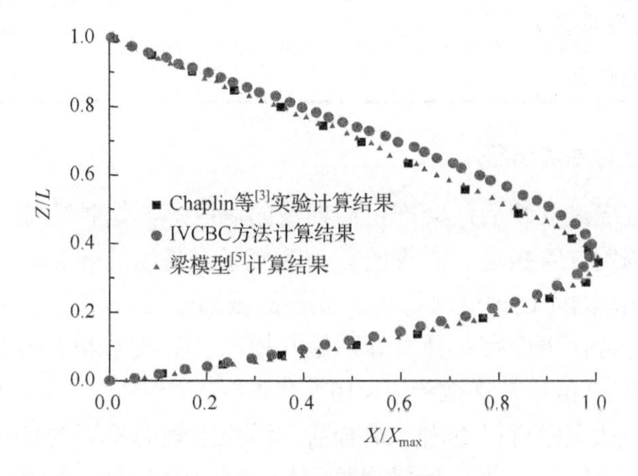

图 7.4　结果比较

7.4　数值计算结果

为了研究在高雷诺数和均匀海流的作用下，立管耦合前后的振型、尾流模型、流体力的特征和比较立管的振动频率和泄涡频率，本节对雷诺数为 6.0×10^4 下的立管进行了数值计算，综合第 3 章，选择计算的涡数 N=128，时间步长 Δt =0.05。立管计算的参数如表 7.3 所示。

表 7.3　立管的计算参数

参数名称	单位	数值
水深 L_w	m	150
SPAR 平台吃水 D	m	30
立管长度 L_r	m	100
弹性模量 E	Pa	2.07×10^{11}
立管材料密度 ρ	kg/m^3	7850
内部液体密度 ρ_{i}	kg/m^3	865
水动力阻尼系数 C_2		0.06
立管内部直径 R_{i}		0.2116
结构阻尼系数 C_l		0.003
外部液体密度 ρ_{o}	kg/m^3	1025
液体的动力黏性系数 μ	m	1.3×10^6
立管外部直径 R_{o}	m	0.2556

7.4.1　立管耦合的尾流特征

当均匀来流绕过立管后，会产生周期性的涡脱落。这种特征导致立管产生横向升力，从而诱发立管振动。立管的振动改变了涡量场的分布，导致作用在立管上的力发生变化。因此这种尾流特征和立管的振动变形是相互耦合、相互影响的。立管的尾流形态特征主要有三种，分别是 P 模态、S 模态和 P+S 模态。

图 7.5(a)和(b)给出雷诺数为 6×10^4，立管在 5 个方向不同水平层次耦合前后的涡量分布图。从图中可以看出，耦合前，沿立管轴向不同的切片层处，尾流均表现为 2S 模态；耦合后，在立管横向振幅较小的切片层处，尾流呈现为 2S 模态；在立管横向振幅较大的切片层处，尾流表现为 P+S 模态，如图 7.6 所示。同时看出，在不同切片层处，涡元的速度分布不一样。这表明，沿立管轴向的尾流具有明显的三维特征。由图 7.6 进一步可知，耦合前，立管的涡街宽度较小，涡流脱

落后涡对衰减速度很快，耦合后，尾流的涡街宽度变大，涡流分离位置发生变化，脱落后涡对的衰减速度减小，三维特征更明显。由此表明，在立管与海流发生耦合的过程中，立管尾涡的动力特性会受到立管振动变形的显著影响。这不仅导致尾流中涡的强度产生明显的变化，还使海流与立管分离的位置也发生改变。

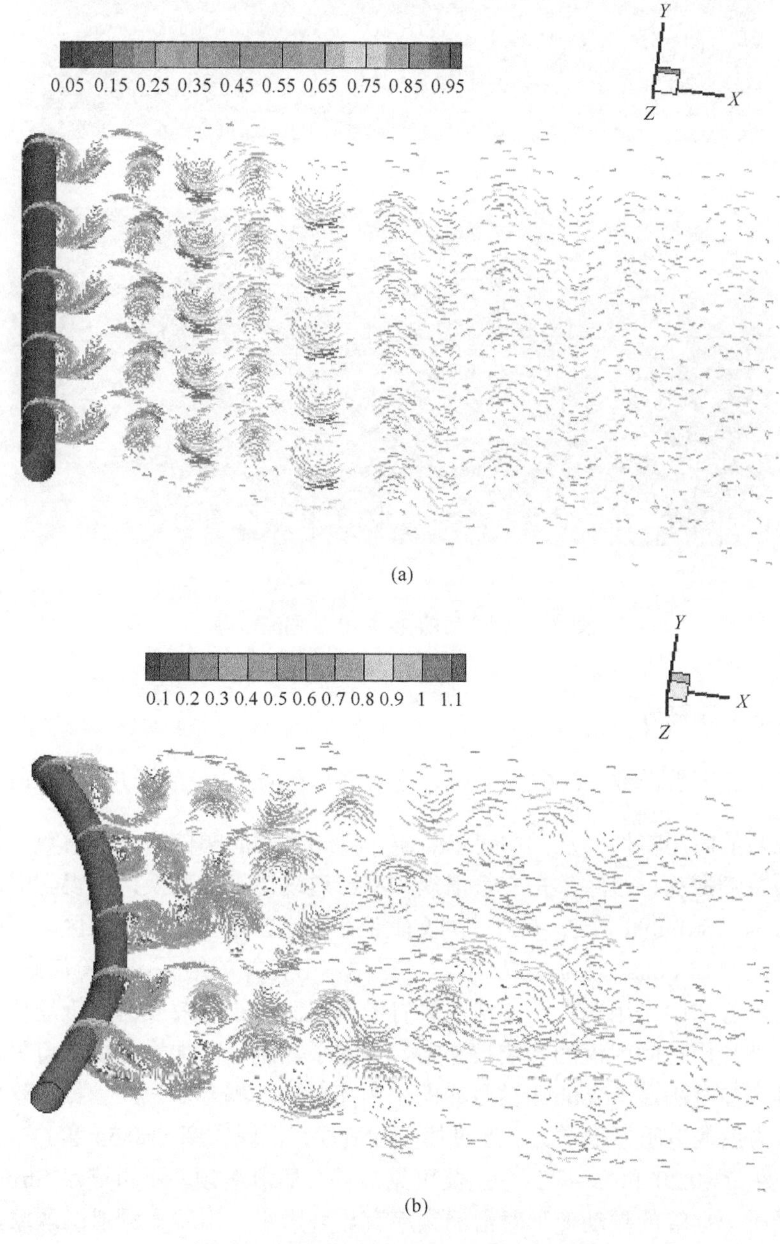

图 7.5　耦合前后的涡流及其速度分布图

(a) P+S

(b) 2S

图 7.6 耦合后的 2S 和 P+S 尾流模态

7.4.2 泄涡的频域分析

图 7.7 给出雷诺数 $Re=6\times10^4$ 时，立管 $\frac{1}{2}L_r$ 处（L_r 为立管长度）耦合前和耦合后升力系数的时历特性。从图中可以看出，升力系数的幅值为一个常数，振动频率表现为单频振动，该频率是立管泄涡频率。通过傅里叶变换，可得到涡的脱落频率 f_s=0.54，Strouhal 数 St =0.21。据文献记载，当雷诺数在亚临界区域内时，刚性圆柱绕流的 Strouhal 数为 0.17～0.21。采用本书计算的结果比实验值略高一些，这是因为本方法中采用切片涡方法，没有考虑尾流的三维效应对立管流体力的影响，水平切片层之间涡流的影响被忽略，导致了涡流脱落加快。由此可见，泄涡频率在耦合前是满足 Strouhal 数分布的。由图可知，耦合后，立管振动呈现多个频率，升力系数也明显地增大。通过傅里叶变换，泄涡频率 f_s=0.54 和 f_s=0.50，而 Strouhal 数 St =0.20 和 St =0.21，由此可见，耦合后泄涡频率不再满足 Strouhal 数分布；同时，立管的振动变形对泄涡频率有显著影响，出现多频泄涡现象。

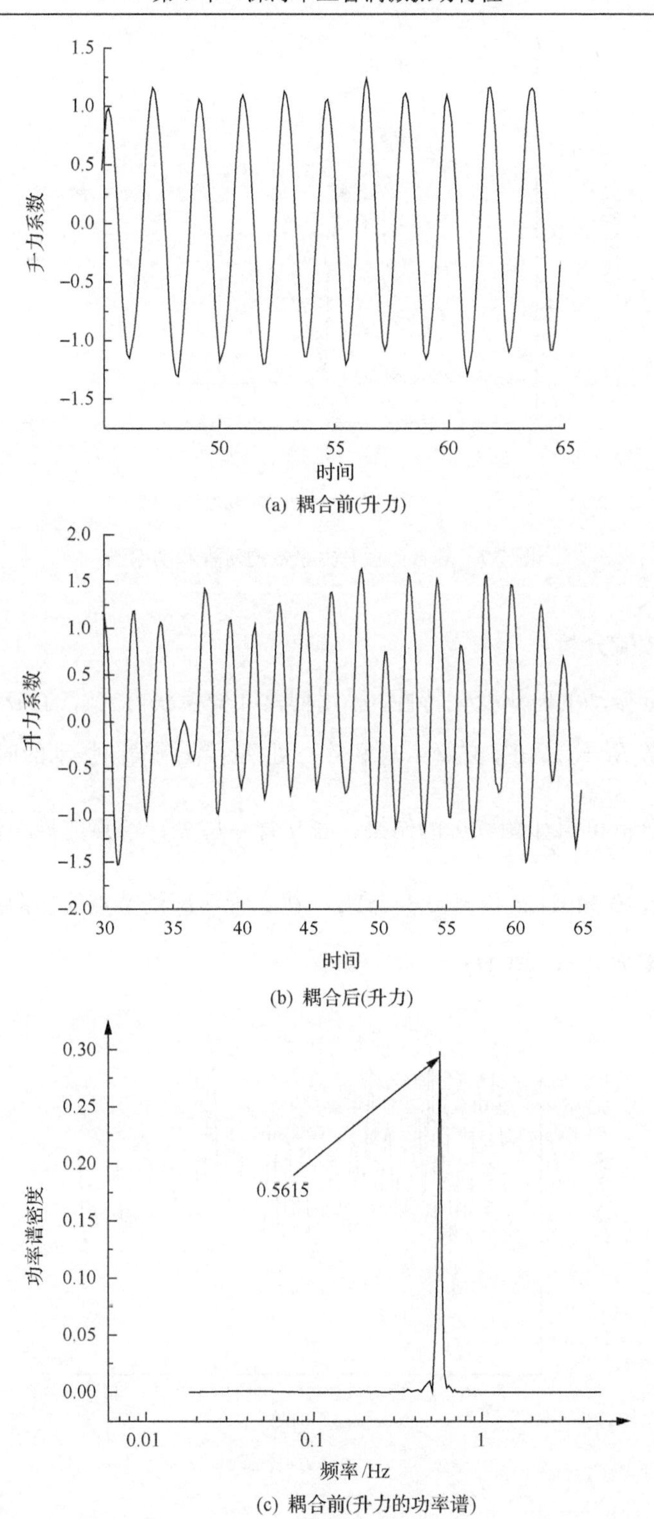

(a) 耦合前(升力)

(b) 耦合后(升力)

(c) 耦合前(升力的功率谱)

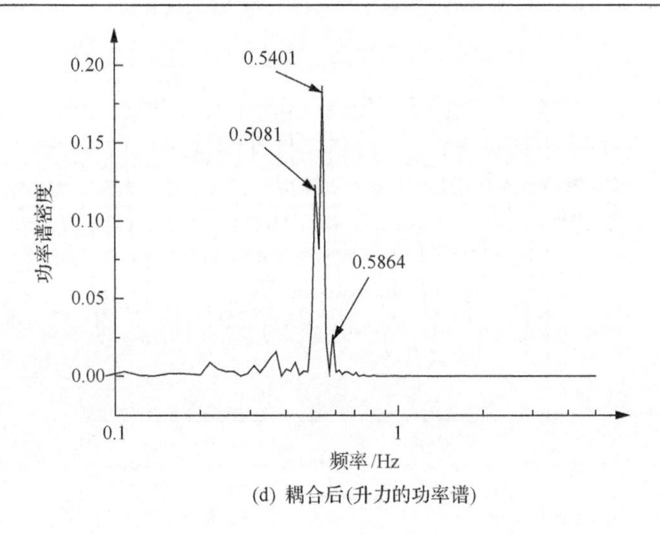

(d) 耦合后(升力的功率谱)

图 7.7　耦合前后升力系数的时程和功率谱

7.4.3　振动频域分析

根据立管振动的时历变化特性，采用傅里叶变换获得立管的振动频率。图 7.8 给出了雷诺数 Re=6×10^4，立管$\frac{1}{4}L_r$和$\frac{3}{4}L_r$处两个节点横向振动的时历变化特性。采用傅里叶分析可得如图 7.9 的结果。在立管$\frac{1}{4}L_r$处，节点的振动位移比较小，振动频率为 f_v=0.5401Hz 和 f_v=0.4475Hz；在立管$\frac{3}{4}L_r$处节点的横向振动位移比较大，振动频率为 f_v=0.5401Hz。

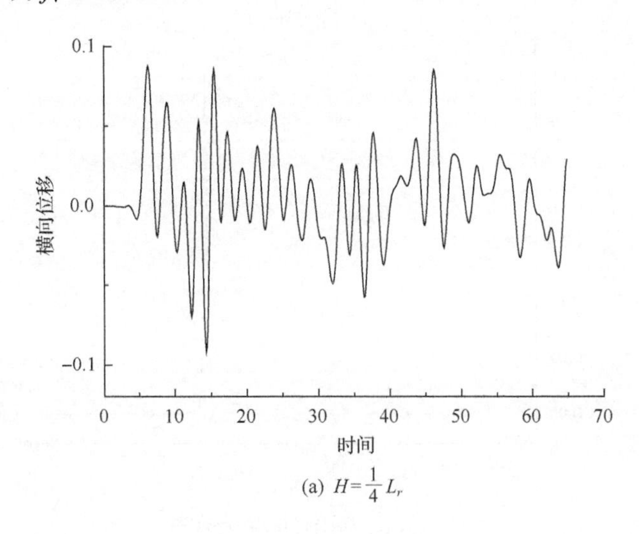

(a) $H=\frac{1}{4}L_r$

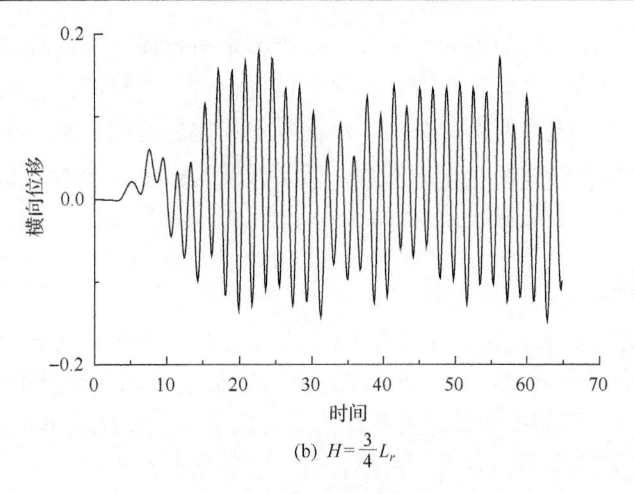

(b) $H=\frac{3}{4}L_r$

图 7.8　耦合后立管横向振动位移

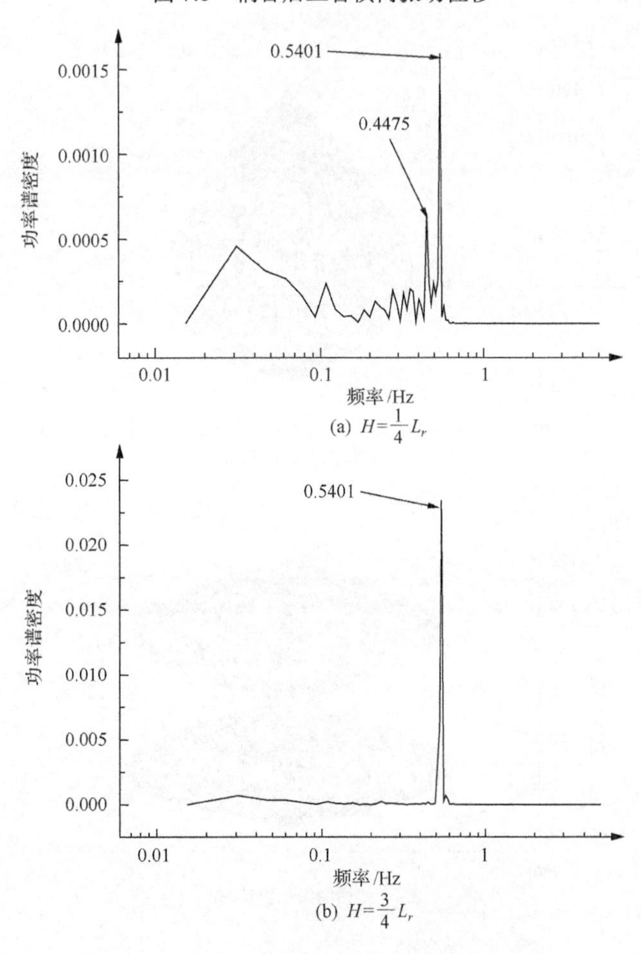

(b) $H=\frac{3}{4}L_r$

图 7.9　耦合后立管横向振动位移的功率谱

由此可见，在立管的不同位移处，立管各个节点横向振动频率有明显差异：在横向振动较大的节点处，其振动频率中仅仅包含一个频率；在振幅较小的节点处，其振动频率中包含两个成分。与泄涡频率相比较可知：每一个节点的振动频率都包含一个与泄涡频率一致的主频。在立管横向振幅较小的节点处，不仅包含一个主频还包含一个其他的频率。

7.4.4　振动模态

图 7.10 给出了来流速度分别为 U_0=0.2m/s、U_0=0.8m/s、U_0=1.6m/s 的立管振动模态。从图中可以看出，U_0=0.2m/s 时，立管的振动模态主要以第一阶振动为主；U_0=0.8m/s 时，立管的振动模态主要以第二阶振动为主；U_0=1.6m/s 时，立管的振动模态主要以第三阶振动为主。由此表明，随着来流速度的增加，立管振动模态的阶数逐渐增加。

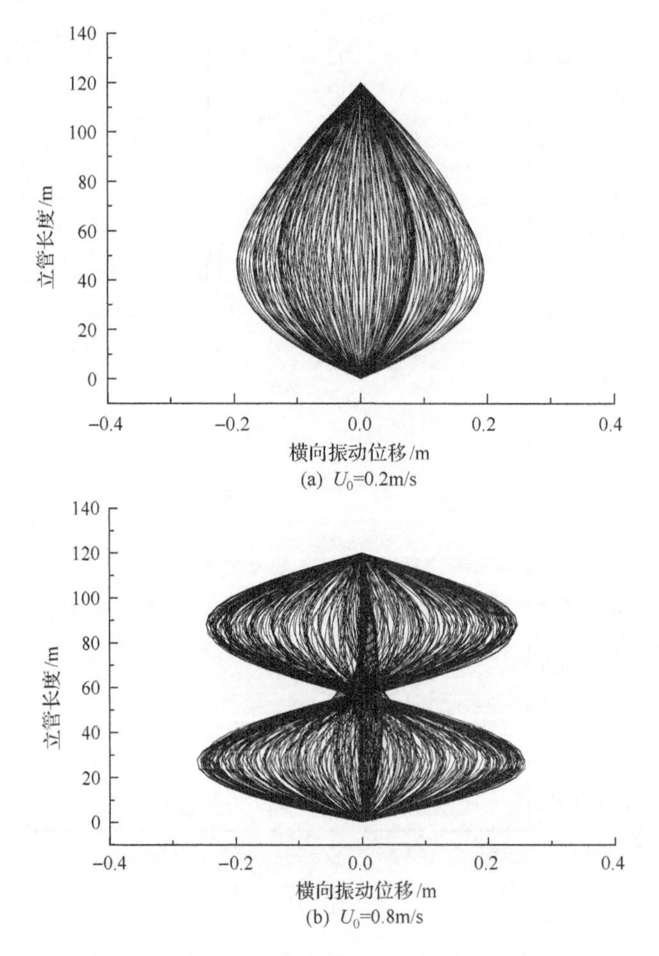

(a) U_0=0.2m/s

(b) U_0=0.8m/s

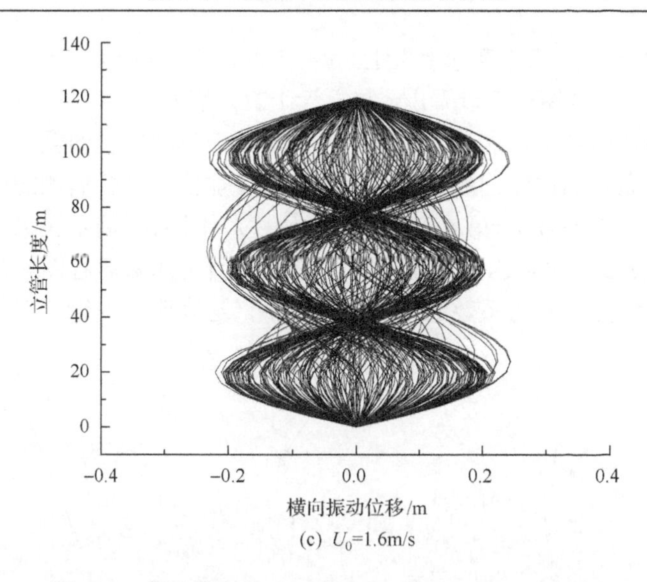

(c) U_0=1.6m/s

图 7.10　振动模态(U_0=0.2 m/s, U_0=0.8m/s, U_0=1.6m/s)

7.4.5　升、阻力系数

图 7.11 给出了来流速度分别为 0.4m/s、0.6m/s 和 0.8m/s 时，立管 $1/2L_r$ 处，立管振动达到稳定状态后，立管所受到的升力系数和阻力系数时程图。从图中可看出，阻力系数随来流速度的增加而逐渐减小，升力系数随着时间的增加逐渐趋于稳定。特别是 U_0=0.4m/s，t<35 时，其升力系数和阻力系数相对较大。这是因为在这个时段，立管的振动模态仍然以第一阶为主。

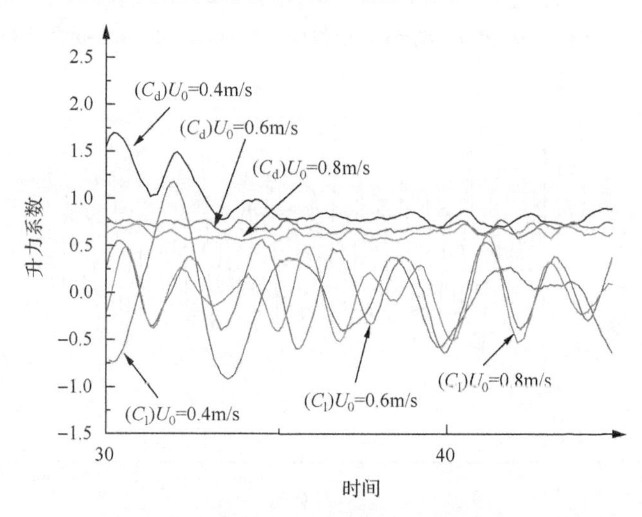

图 7.11　立管 1/2 L_r 处的升力系数和阻力系数(U_0=0.4m/s, U_0=0.6m/s, U_0=0.8m/s)

图 7.12 展示了来流速度分别为 1.0m/s、1.2m/s、1.4m/s 和 1.6m/s 时，立管 1/3 L_r 处的阻力系数。从图中可以看出，与立管 1/2L_r 处的阻力系数一样，阻力系数随来流速度的增加而减小。这说明在顺流方向上，流体和立管的耦合强烈地影响了阻力系数，在立管的尾流回流区域，流体的速度加快，立管后侧的压力增大，由此立管前后的压力差减小(第 4 章已经做了论述)。图 7.13 展示在来流速度分别为 U_0=1.0m/s、1.2m/s、1.4m/s、1.6m/s 时，1/3L_r 的升力系数时程图。从图中可以看出，随流速的增加，升力系数的分布密度减小，这表明，立管泄涡频率随流速增加而增大。

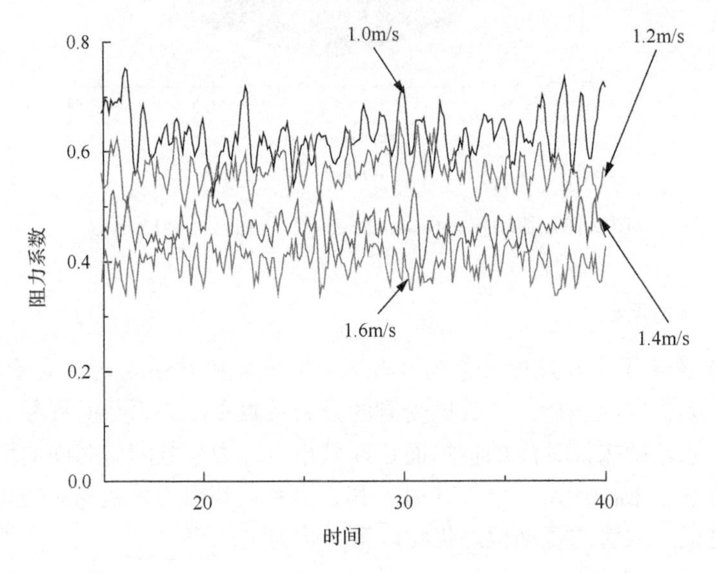

图 7.12　立管 1/3L_r 处阻力系数时程图(U_0=1.0m/s, 1.2m/s, 1.4m/s, 1.6m/s)

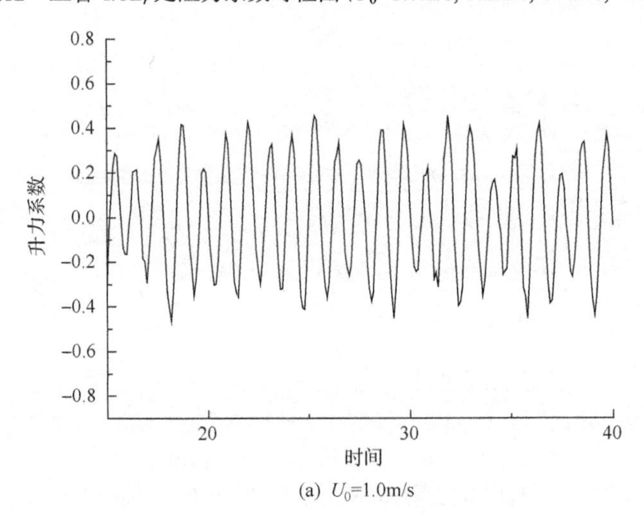

(a) U_0=1.0m/s

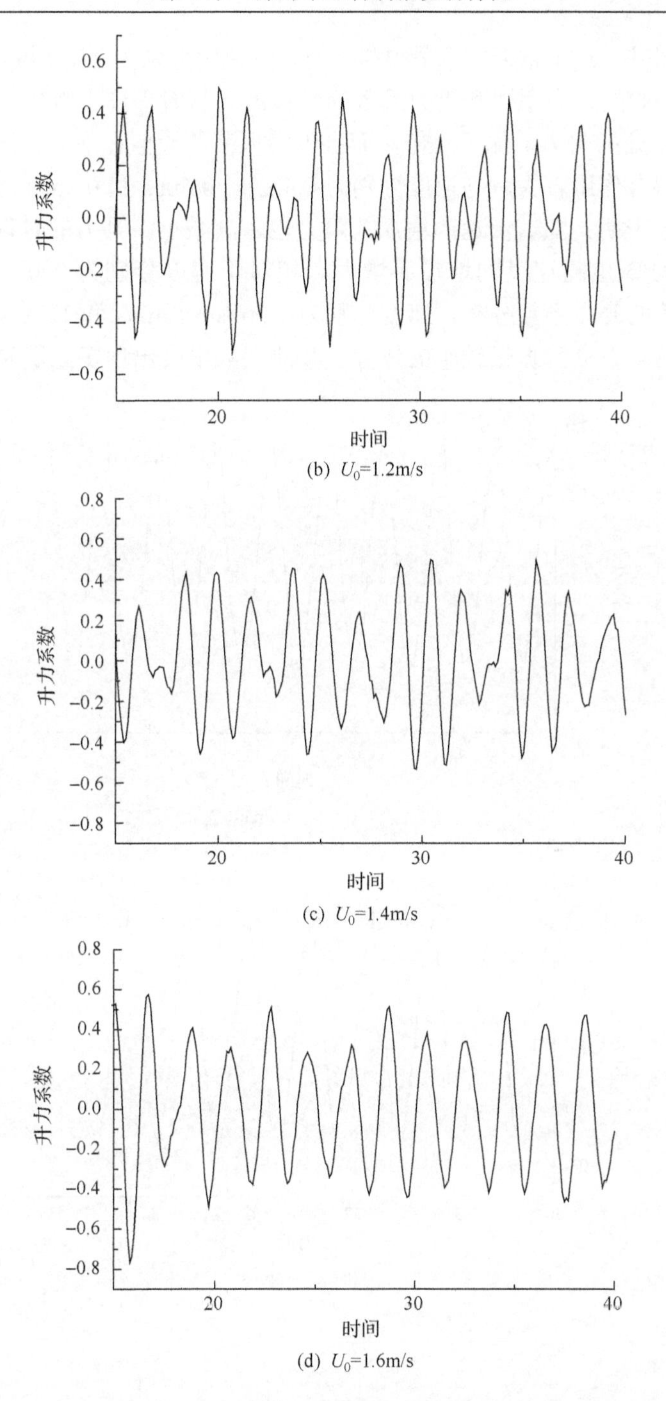

(b) U_0=1.2m/s

(c) U_0=1.4m/s

(d) U_0=1.6m/s

图 7.13　立管 $1/3L_r$ 处升力系数时程图(U_0=1.0m/s, 1.2m/s, 1.4m/s, 1.6m/s)

图 7.14 和图 7.15 展示了立管 1/2L_r 处来流速度分别为 U_0=1.0m/s、1.2m/s、1.4m/s、1.6m/s 的升力系数和阻力系数的时程图。从时程图上看出，此时的阻力比立管 1/3Lr 处的阻力增加了一倍，而且阻力振荡的幅值在增大，这说明立管在该处受到的耦合作用较大。与速度分别为 0.4m/s、0.6m/s 和 0.8m/s 时立管的阻力系数进行比较表明：随着流速的增加，阻力也逐渐减小。升力的时程曲线表现出立管的泄涡频率也随速度的增加而增大。相对于速度分别为 0.4m/s、0.6m/s 和 0.8m/s 时立管的升力系数分布，速度分别为 1.0m/s、1.4m/s 和 1.6m/s 的升力分布更有规律。这与在立管振幅较小的位置，其泄涡频率会出现多频现象一致。

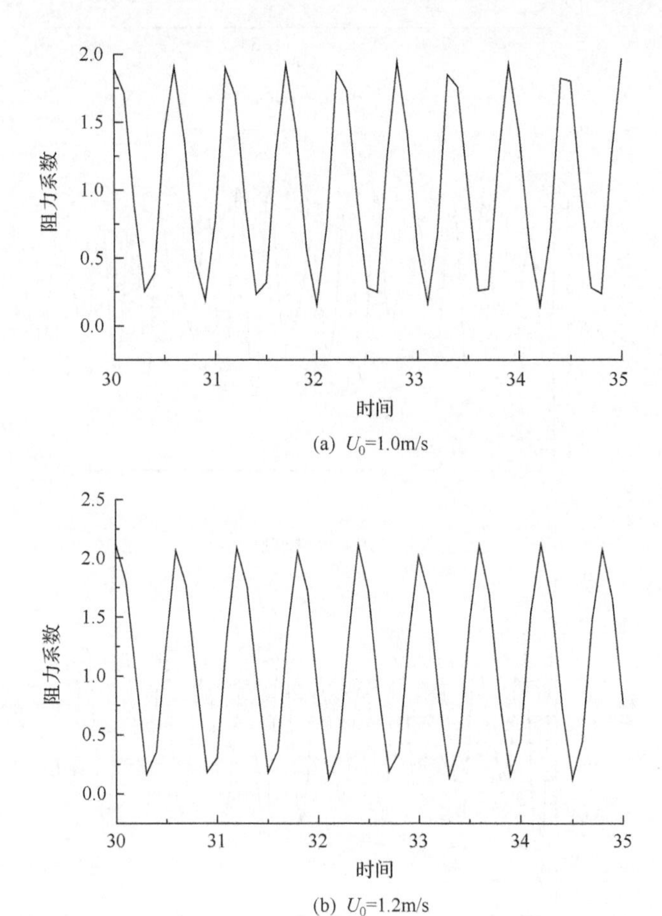

(a) U_0=1.0m/s

(b) U_0=1.2m/s

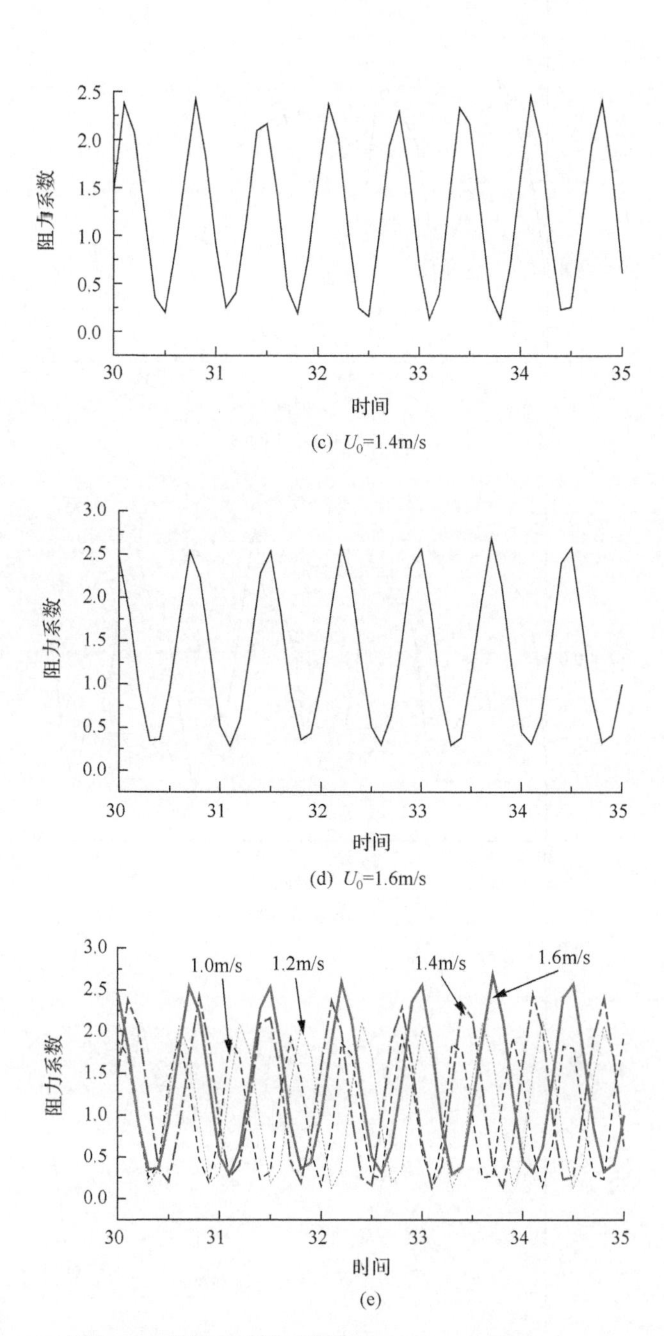

(c) U_0=1.4m/s

(d) U_0=1.6m/s

(e)

图 7.14　立管 $1/2L_r$ 处阻力系数时程图(U_0=1.0m/s, 1.2m/s, 1.4m/s, 1.6m/s)

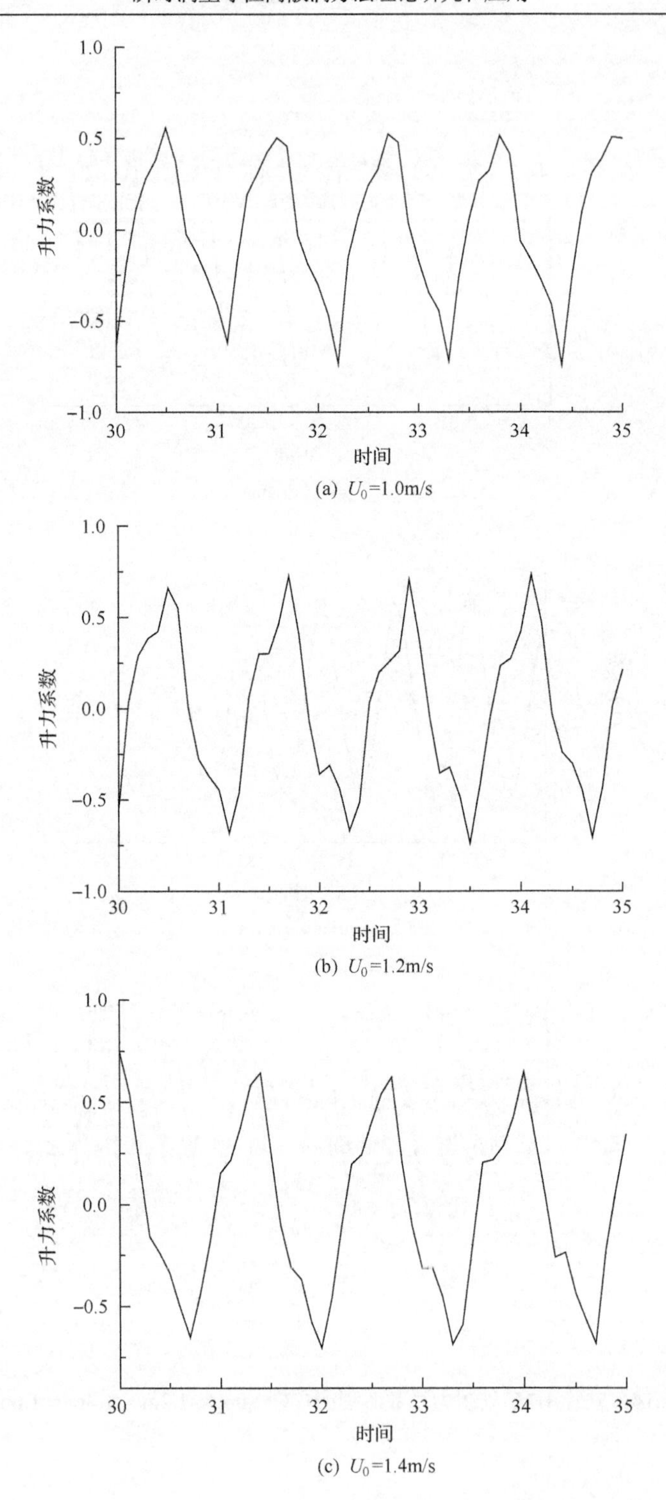

(a) U_0=1.0m/s

(b) U_0=1.2m/s

(c) U_0=1.4m/s

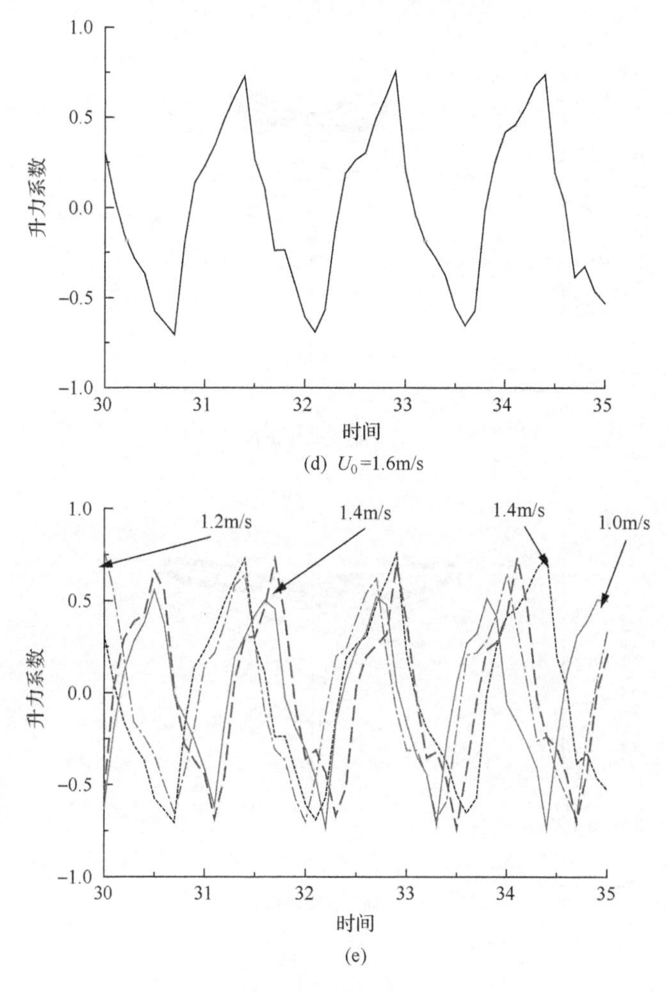

图 7.15　立管 $1/2L_r$ 处升力系数时程图（U_0=1.0m/s, 1.2m/s, 1.4m/s, 1.6m/s）

7.4.6　立管的振型

图 7.16 展示了来流速度为 U_0=1.4m/s 时，立管 $0\sim\frac{1}{3}L_r$ 处，立管横向和流向耦合后的振动图。其中 x 轴为横向振动位移，y 轴为流向振动位移。从图中看出，耦合后立管的涡激振动在幅值较大的节点处，流向位移变化较大，立管做“∞”振动；在振动幅值较小的节点处，流向位移变化较小，立管的振动表现为一字形。图 7.17 和图 7.18 分别展示了 OXZ 平面和 OYZ 平面上立管的振型。从图中看出，来流速度为 1.4m/s 时，立管振动模态主要是第三阶模态。

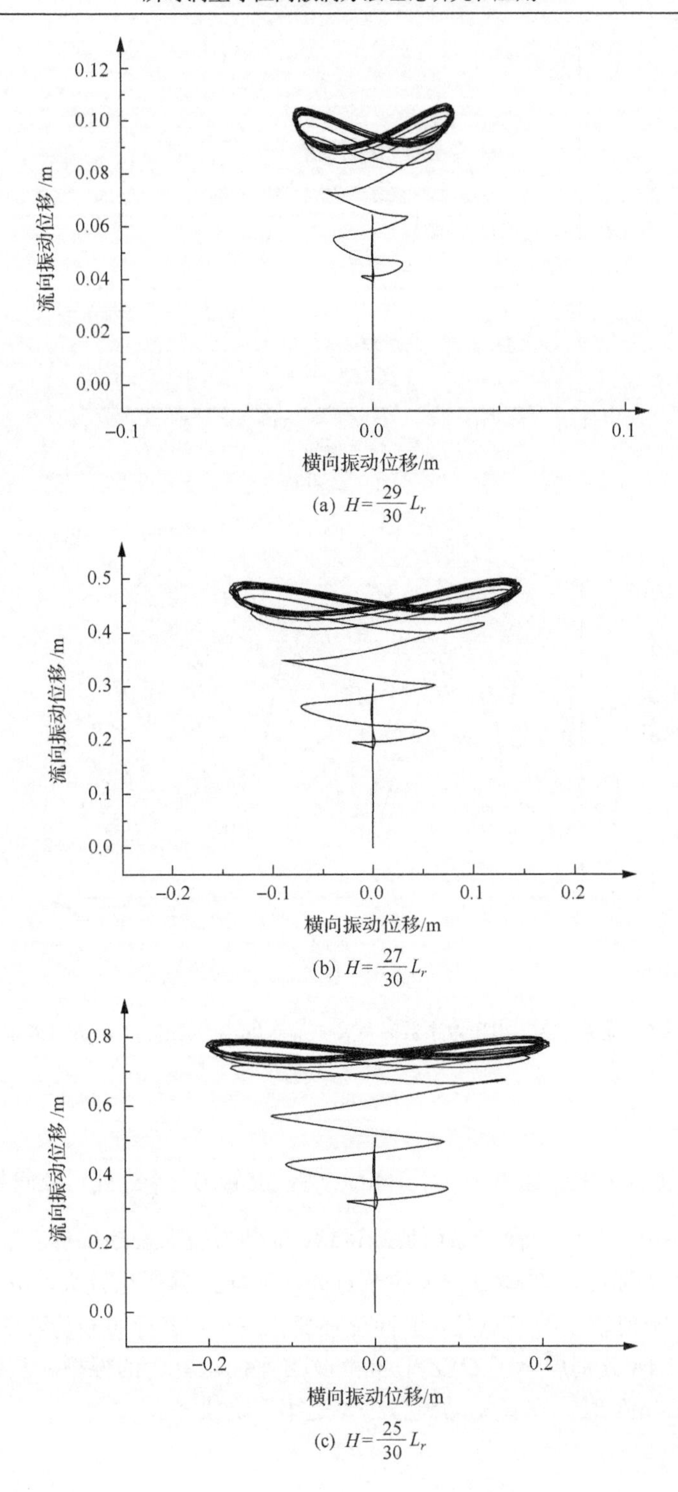

(a) $H=\frac{29}{30}L_r$

(b) $H=\frac{27}{30}L_r$

(c) $H=\frac{25}{30}L_r$

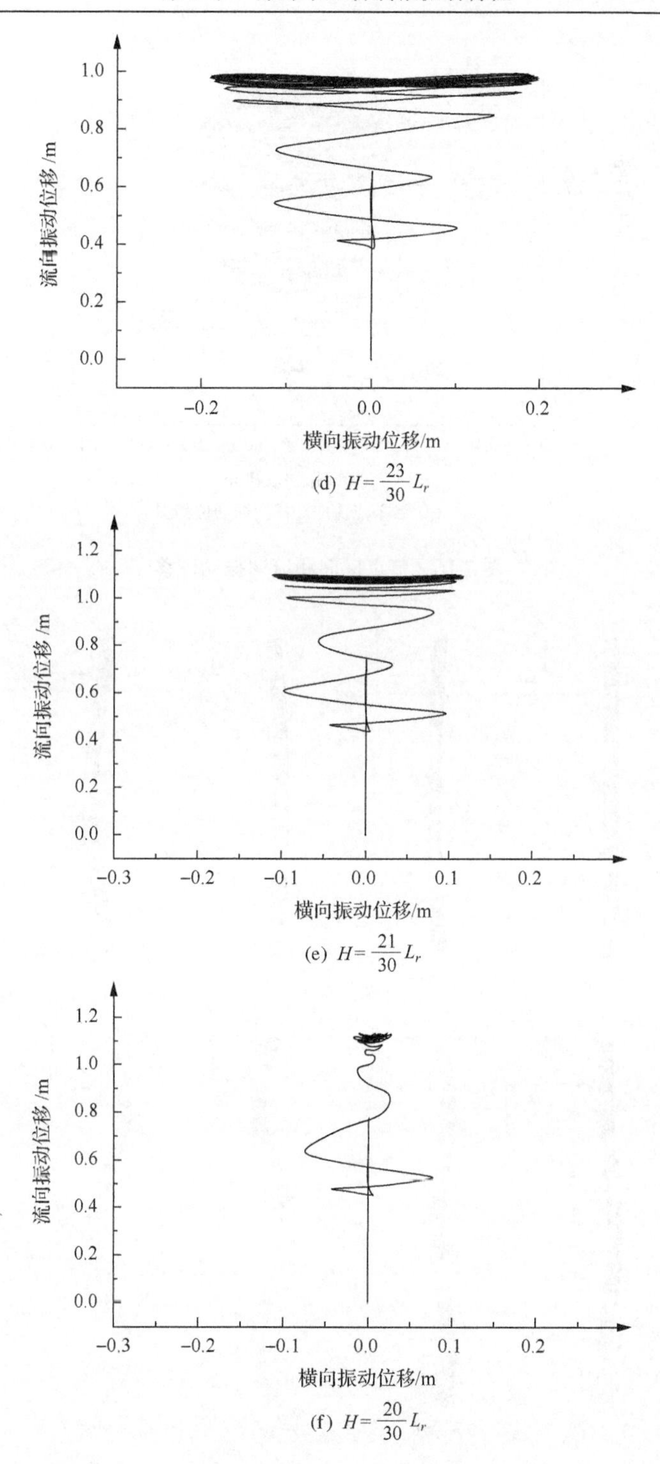

(d) $H=\frac{23}{30}L_r$

(e) $H=\frac{21}{30}L_r$

(f) $H=\frac{20}{30}L_r$

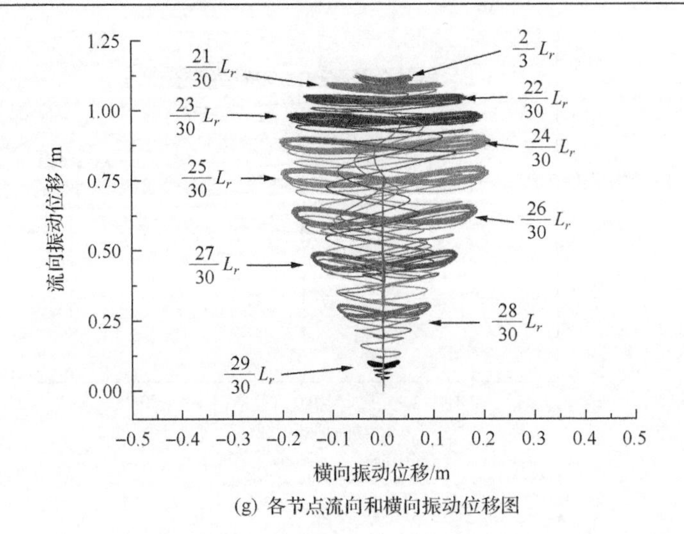

(g) 各节点流向和横向振动位移图

图 7.16　节点横向和流向振动位移

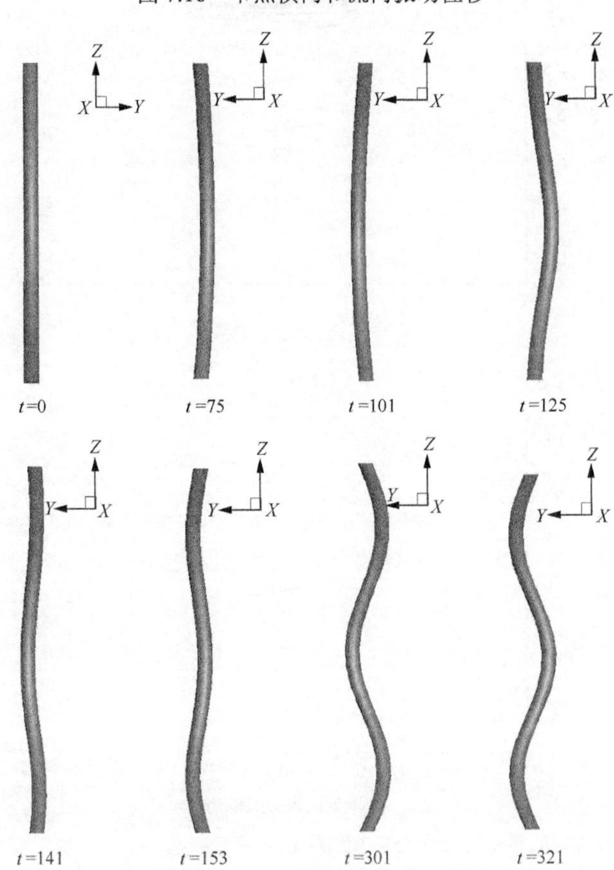

图 7.17　沿 X 方向 OYZ 平面上的振动图(U_0=1.4m/s)

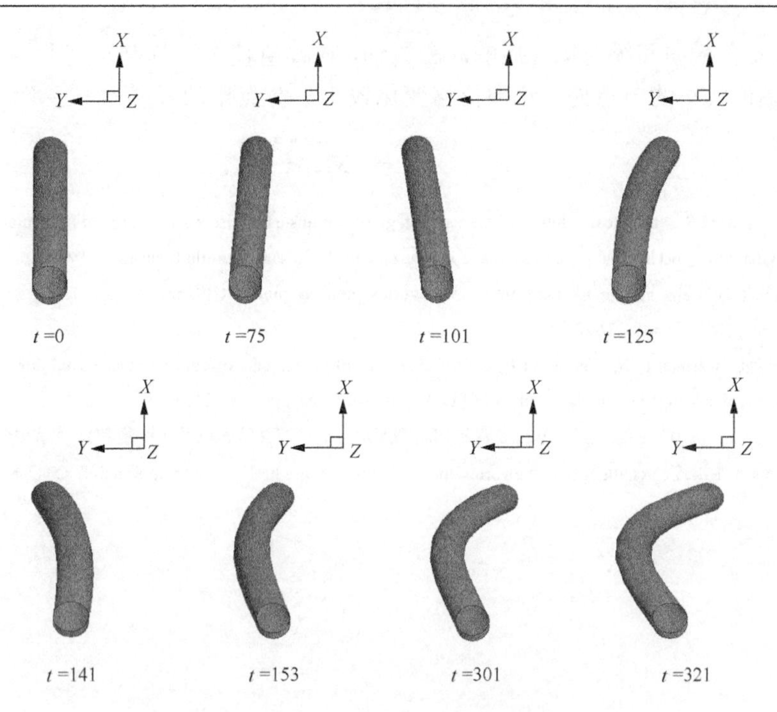

图 7.18　沿 Z 方向 OXY 平面上的振动图(U_0=1.4m/s)

7.5　小　　结

采用 IVCBC 涡方法，结合有限体积法，引入动刚度矩阵，针对深海立管横向和流向的涡激振动问题，提出了一种三维数值模拟方法，通过该方法阐述了立管涡激振动的特性[4]。

研究表明：

(1) 耦合前和耦合后，尾流中卡门涡街运动形态发生变化的根本原因是立管的形变。

(2) 耦合后，立管涡激振动的涡泄频率不再适合 Strouhal 规律，产生多频泄涡等现象，导致在立管的涡激振动中出现多频“锁定”现象。

(3) 耦合后，立管振动响应频率中包含主频振动和次频振动，主频与泄涡频率一致。立管不同位置的振动响应频率也不一样。多种高阶模态振动共同出现，导致立管产生非对称的变形。

(4) 随着来流速度的增大，立管振动模态的阶数逐渐增加，立管受到的阻力减小。在振幅较大的位置，其升力系数的分布比振幅较小位置的升力系数分布更有规律。

(5) 立管横向和纵向耦合后的涡激振动，在幅值较大的节点处，以“∞”运动；在振动幅值较小的节点处，流向位移变化较小，节点振动表现为一字形。

参考文献

[1] Loc T P, Bouard R. Numerical solution of the early stage of the unsteady viscous flow around a circular cylinder: A comparison with experimental visualization and measurements[J]. Journal of Fluid Mechanics, 1985, 160: 93-117.

[2] Stappenbelt B, Lalji F, Tan G. Low mass ratio vortex-induced motion[C]//16th Australasian Fluid Mechanics Conference, 2007, 12:1491-1497.

[3] Chaplin J R, Bearman P W, Huarte F J H, et al. Laboratory measurements of vortex-induced vibrations of a uertical tension riser in a stepped carrent[J]. Journal of Fluids and Structures, 2005, 21 (1) : 3-24.

[4] 庞建华, 宗智, 周力, 邹丽, 基于 IVCBC 涡法和动刚度矩阵的深海立管的三维计算模型[J]. 船舶力学, 2016.

[5] Vandiver J K. Research challenges in the vortex-induced vibration prediction of marine risers[C]. OTC, 8698.

第 8 章　双立管的涡激振动初探

8.1　引　　言

针对双立管长细比较大的特点，为了减少计算量，本章采用 IVCBC 涡方法，首先依据有限体积方法，引入动刚度矩阵，结合并联双立管的计算模型，建立了并联双立管涡激振动计算模型，并给出了立管模型的计算步骤，形成立管涡激振动的数值计算方法；其次验证了该数值计算方法的可靠性；最后对双立管的静态平衡和动态响应做了初步的探索，给出了双立管的振型、尾流特征、双立管的升力系数和横向振动的时程图，同时采用频谱分析法，分析了立管振动频率和泄涡频率。

8.2　双立管三维数值计算模型

假定双立管在无荷载的静止状态下，在来流的冲击和自身重力作用下，其初始形状为二次抛物线。根据有限体积法，每一个立管都离散成 n 个小段，每一小段为立管的一个有限体。如图 8.1 所示，在每一个控制体中点处布置一个节点，虚线与立管的交点称为边界节点。其中两个立管相同位置的节点都处在同一平面。

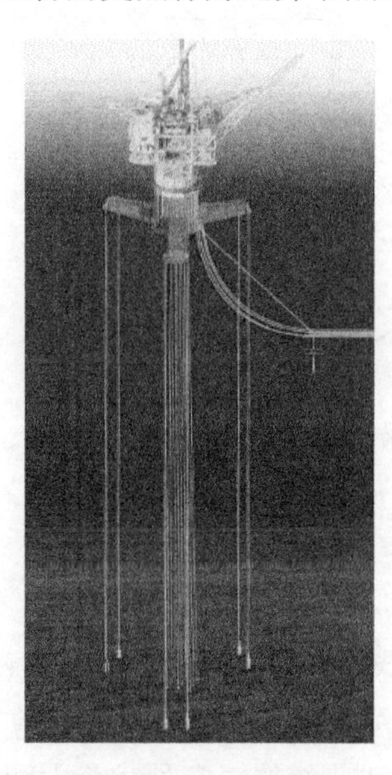

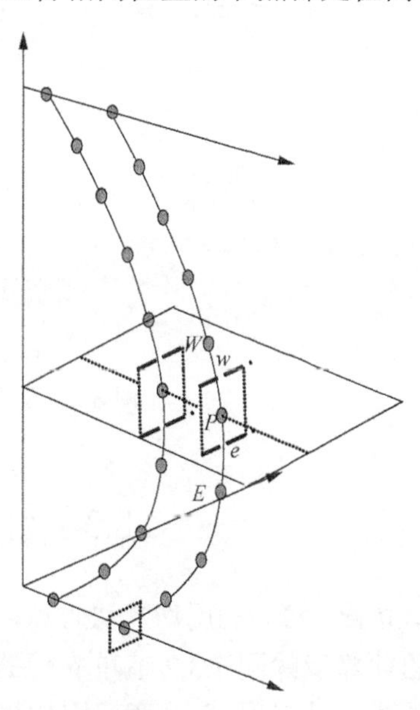

图 8.1　双立管的有限体积数值模型

图 8.1 中给出了一个典型的立管有限体。它包含一个控制节点 P 和两个面节点 w、e。与节点 P 相邻的上下两个控制节点分别用大写字母 W、E 表示。立管在荷载作用下，每个有限体的位置和形状将会发生变化。考虑到立管在正常工作状态下呈现大位移、小应变的特点，本章在分析过程中采用了以下几个的基本假定：

(1) 忽略立管横截面积的变化。

(2) 忽略每个有限体的垂度。

(3) 立管只受轴向拉力，不受弯矩和扭转。

(4) 立管弹性形变符合胡克定律。

(5) 在笛卡儿坐标系下每个控制节点有三个自由度。

(6) 两个立管相同位置的节点在同一平面内(这是因为立管的振动导致上下形变较小，为了获得两立管的相互作用，假设两个节点始终在一个平面内)。

根据以上假设，有限体本身的节点和相邻的两个有限体的节点，决定该有限体的形变。然而，位于边界上的有限体，其形变由自身节点和相邻一个有限体的节点决定。同时两个节点处于同一平面，保证了双圆柱绕流的数值计算方法在双立管涡激振动数值计算中的应用。在同一平面内两立管的切片同第 4 章中的双圆柱绕流模型一样，如图 8.2 所示。

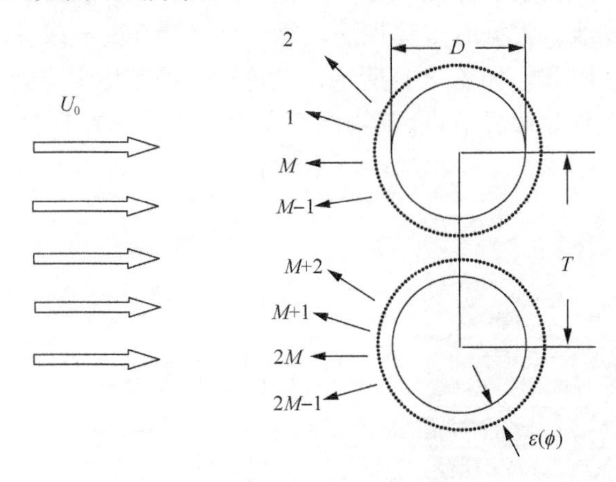

图 8.2　双立管的离散涡模型

8.3　计 算 步 骤

同单立管一样，利用切片法思想，通过立管二维切片捏合出立管的三维结构。双立管的计算步骤同 7.3.2 节单立管的计算步骤一致，唯一不同的是双立管中有限体的外载荷是根据第 4 章双圆柱绕流数值方法获得的。在外载荷力和自身重力作用下，立管保持稳定的形变，这种形变具有一定刚度。根据势能驻值原理，建立立管静态平衡方程。因为方程中应变能为非线性的，因此，同单立管数值计算方法一样，采用 Newton-Raphson[1]迭代方法求解某一时刻非线性静态平衡方程，获得这一时刻的动态刚度矩阵。同样采用数值逐步积分法计算双立管的动态响应。

8.4　间距固定的并联双立管的自由振动

为了探索间距比不同对双立管振型、尾流模式及流体力的影响。本节采用双立管的数值计算模型，分别计算了来流速度为 0.6m/s，间距比分别为 0.25，0.75，1.0，2.0 的双立管的振动，获得了双立管的振型、尾流模型及流体力。立管的计算参数如表 8.1。

表 8.1　立管的基本参数

参数名称	单位	数值
水深 L_w	m	150
SPAR 平台吃水 D_S	m	30
立管材料密度 ρ_R	kg/m^3	7850
水动力阻尼系数 C_2		0.06
立管深度 L_r	m	100
内部液体密度 ρ_i	kg/m^3	865
管内部直径 R_i	m	0.2116
液体的动力黏性系数 μ		1.3×10^6
结构阻尼系数 C_1		0.003
弹性模量 E	Pa	2.07×10^{11}
外部液体密度 ρ_o	kg/m^3	1025
立管外部直径 R_o	m	0.2556

8.4.1　立管的振型

图 8.3 给出了均匀来流速度为 0.6m/s，双立管的间距比分别为 1.25，1.75，2.0，3.0 的振动。从图中看出，相同流速的作用下，立管主要的振型阶数，随着间距比的增大而增加；振动的幅值随着间距比的增大而减小。

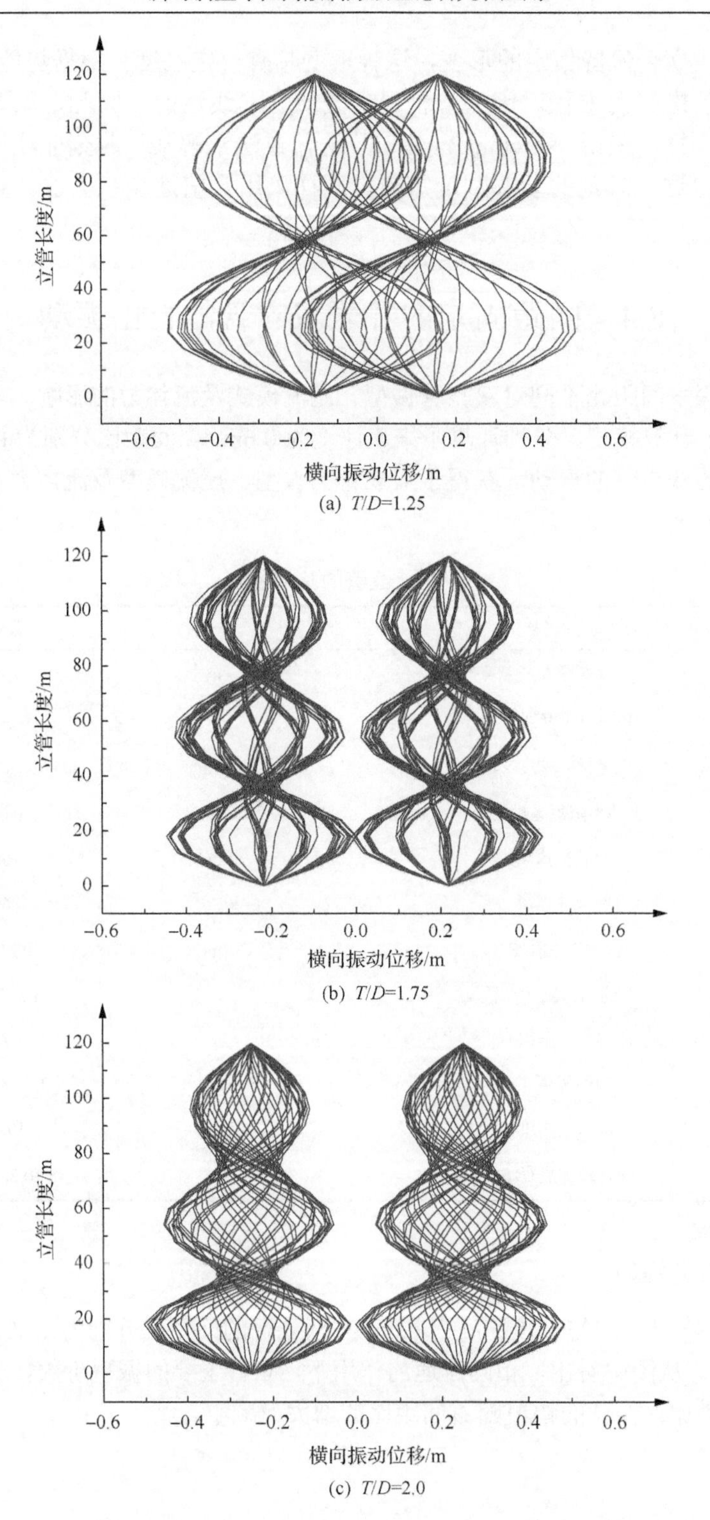
立管长度/m
横向振动位移/m
(a) T/D=1.25
立管长度/m
横向振动位移/m
(b) T/D=1.75
立管长度/m
横向振动位移/m
(c) T/D=2.0

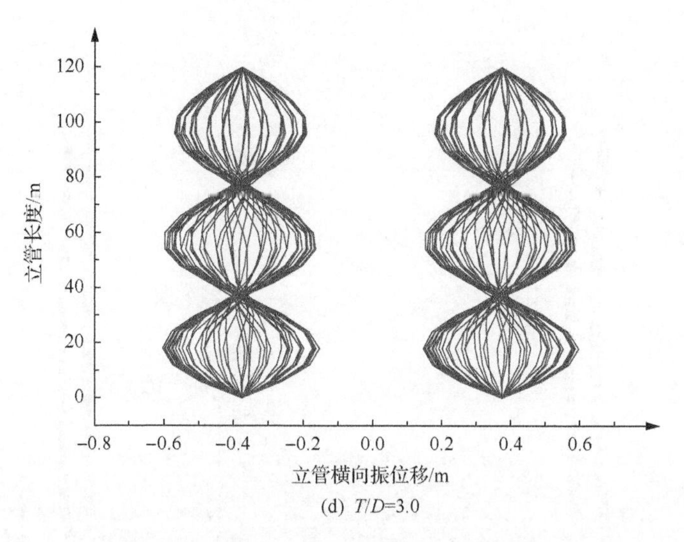

(d) T/D=3.0

图 8.3　双立管的横向包络线(U_0=0.6m/s，T/D=1.25, 1.75, 2.0, 3.0)

图 8.4 给出了间距比为 3，来流速度分别为 0.6m/s 和 0.1m/s，双立管在不同时刻的振动形变。其中，左图来流速度 U_0=0.6m/s，右图来流速度 U_0=0.1m/s。

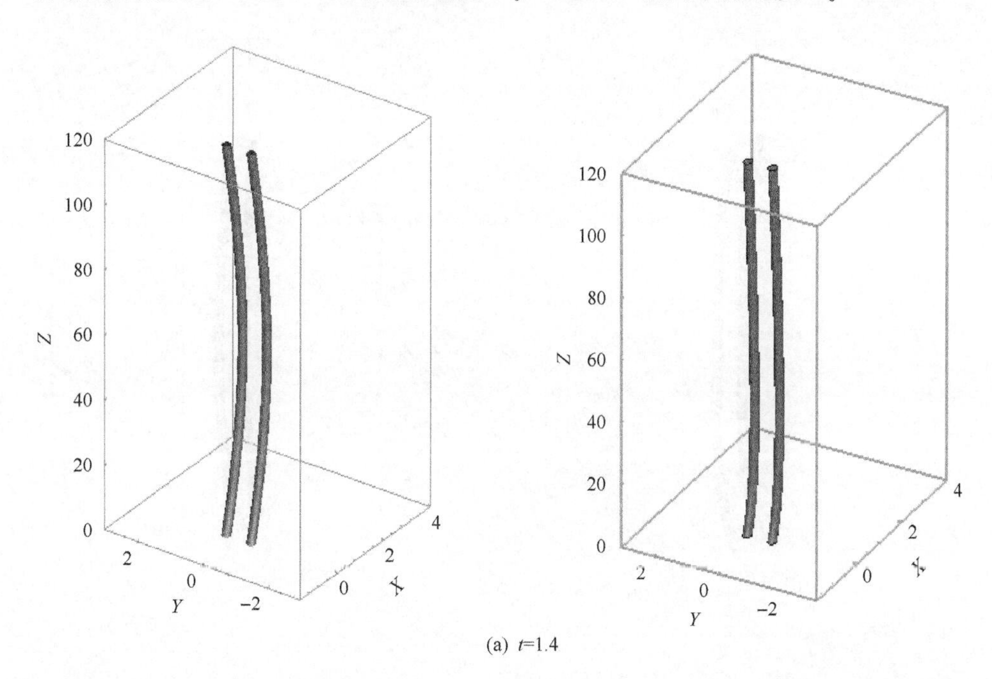

(a) t=1.4

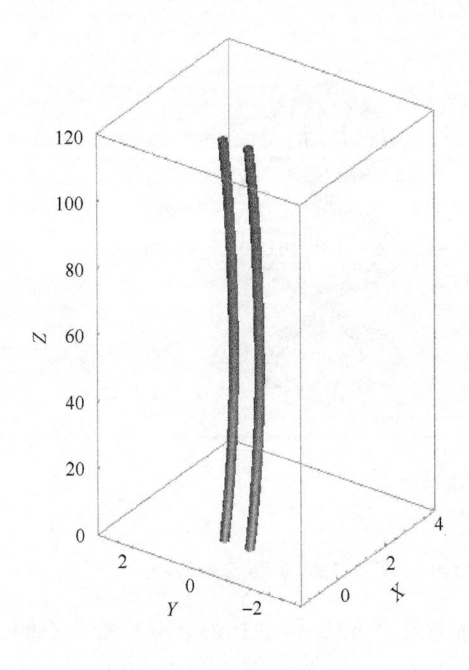

120
100
80
Z 60
40
20
0
2
0
Y
−2
0
2
4
X

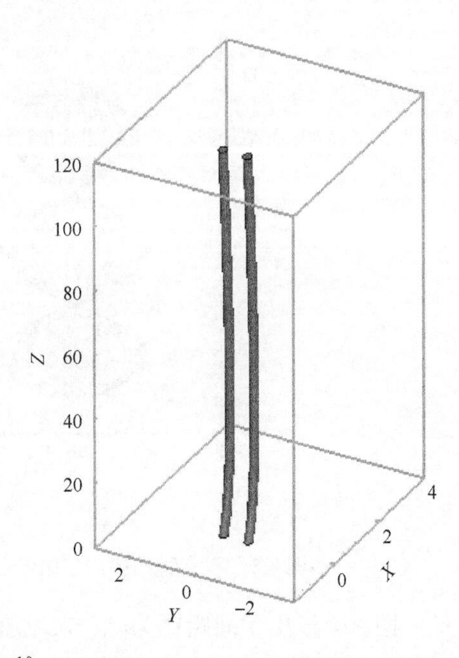

120
100
80
Z 60
40
20
0
2
0
Y
−2
0
2
4
X

(b) t=10

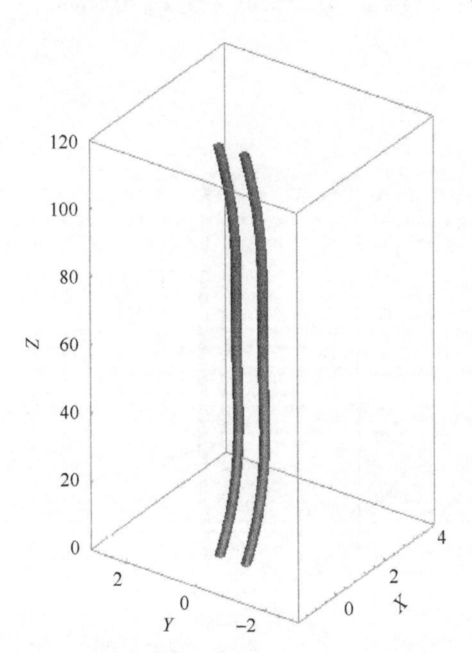

120
100
80
Z 60
40
20
0
2
0
Y
−2
0
2
4
X

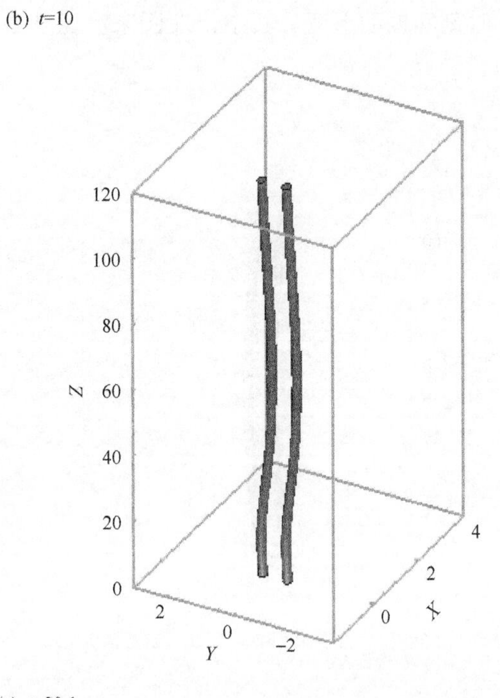

120
100
80
Z 60
40
20
0
2
0
Y
−2
0
2
4
X

(c) t=20.1

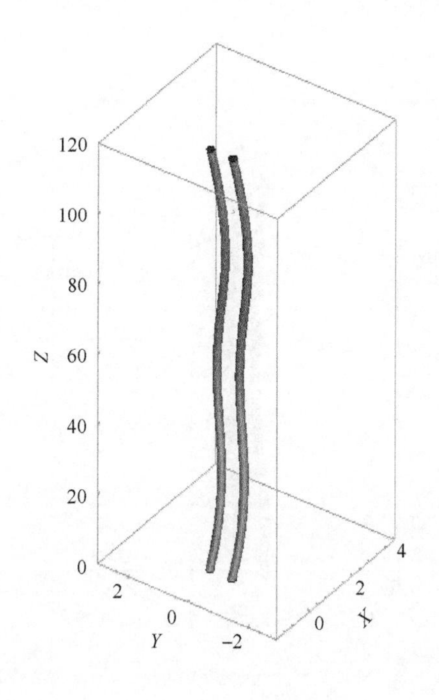
120
100
80
Z 60
40
20
0
2
0
Y
−2
0
2
4
X

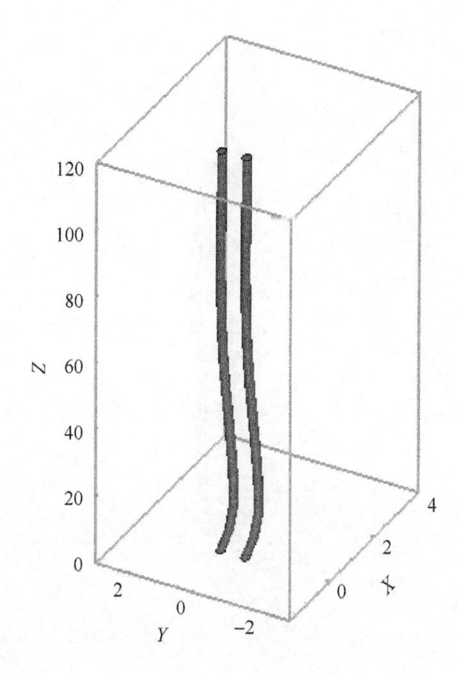
120
100
80
Z 60
40
20
0
2
0
Y
−2
0
2
4
X

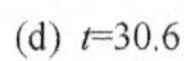
(d) t=30.6

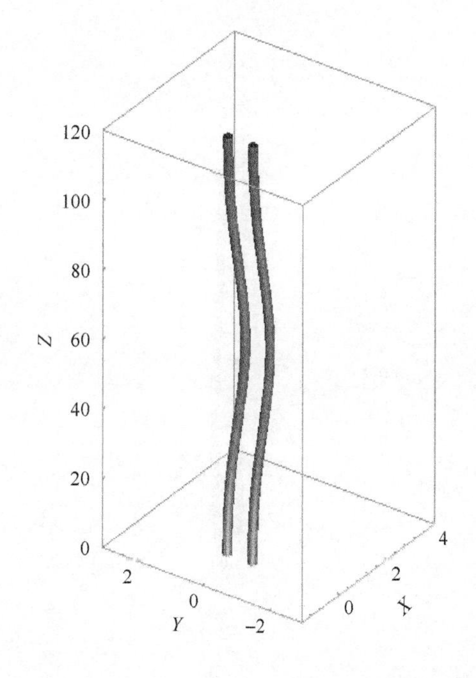
120
100
80
Z 60
40
20
0
2
0
Y
−2
0
2
4
X

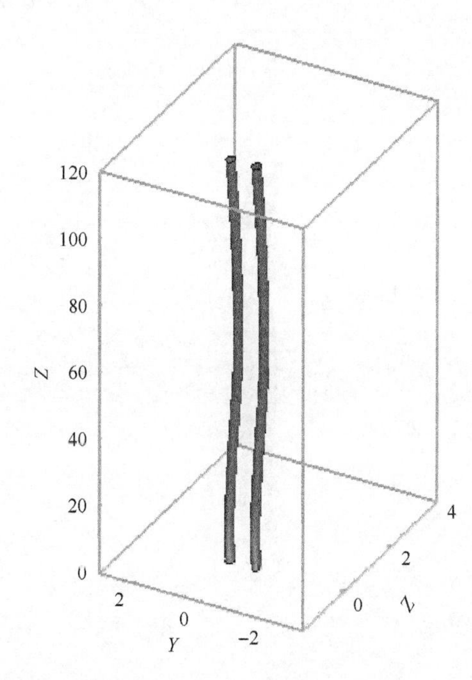
120
100
80
Z 60
40
20
0
2
0
Y
−2
0
2
4
Z

(e) t=35.3

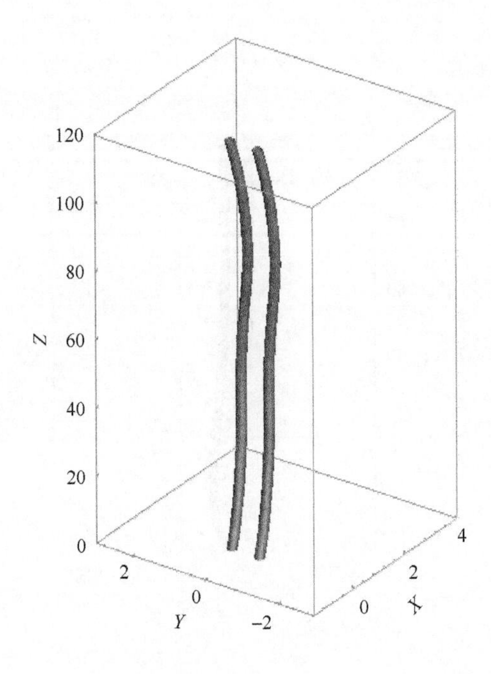
120
100
80
Z 60
40
20
0
2
0
Y
−2
0
2
X
4

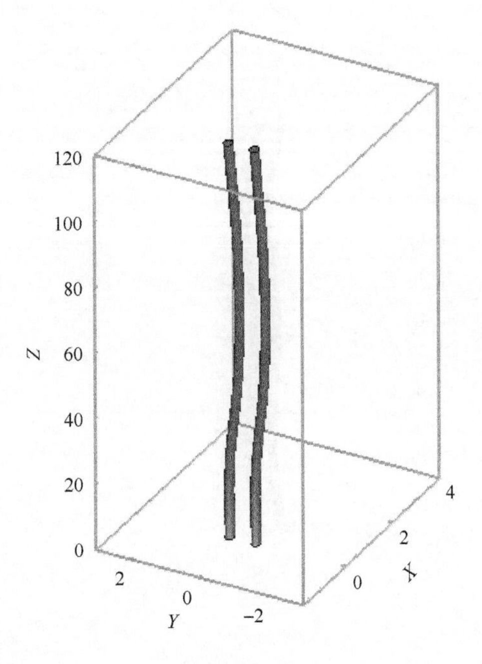
120
100
80
Z 60
40
20
0
2
0
Y
−2
0
2
X
4

(f) t=40.1

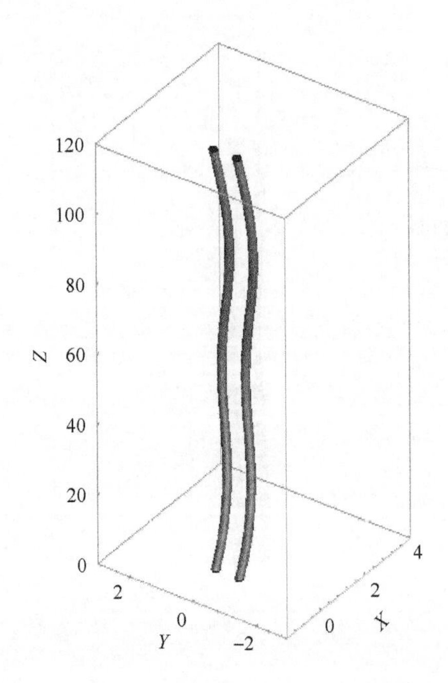
120
100
80
Z 60
40
20
0
2
0
Y
−2
0
2
X
4

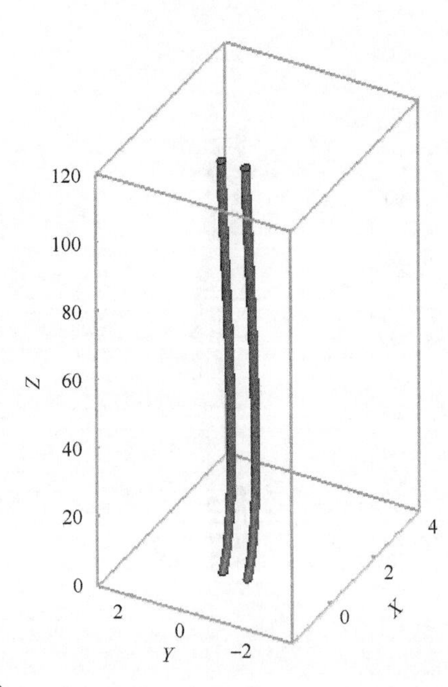
120
100
80
Z 60
40
20
0
2
0
Y
−2
0
2
X
4

(g) t=42.3

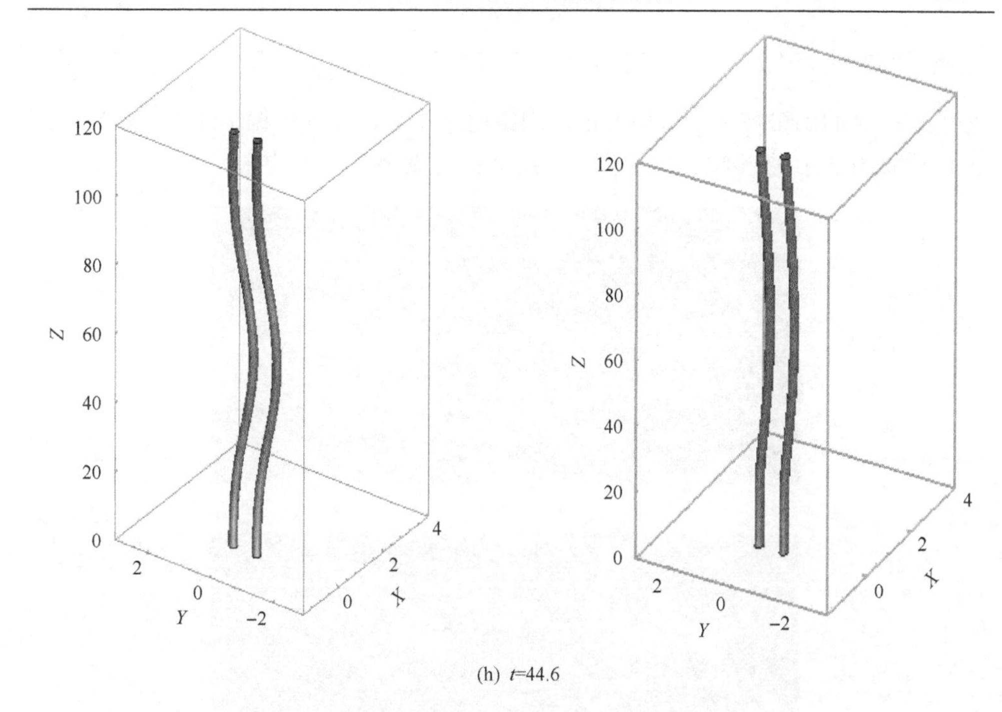

(h) t=44.6

图 8.4　双立管的振动图(T/D=3, U_0=0.6m/s 和 0.1m/s)

从图 8.4 中看出在 t<10 时，流速分别为 0.6m/s 和 0.1m/s 作用下的两组双立管的振动模态都以第一阶为主；在 10<t<20 时，流速为 0.6m/s 作用下的双立管，其振动模态从第一阶过渡到第三阶，流速为 0.1m/s 作用下的双立管，其振动模态从第一阶过渡到第二阶；在 t>20 后，流速为 0.6m/s 作用下的双立管，其振动模态主要以第三阶为主，流速为 0.1m/s 作用下的双立管，其振动模态主要以第二阶为主。同时从图中观察到，流速为 0.6m/s 作用下的双立管振动，其振动的最大幅值大于流速为 0.1m/s 作用下的双立管振动的最大幅值。这说明，在相同间隙比下，每一种流速，双立管的振动形变都有一种与之对应的主要振动模态，但振动模态的阶数不相同，同时，来流速度越大，双立管振动的主要振动模态的阶数越高，振动的最大幅值也越大。

8.4.2　尾流模型

图 8.5 给出了间距比 T/D=2，来流速度 U_0=0.6m/s，立管 $Z=\frac{1}{2}L_r$ 处在不同时刻双立管的尾流模型。从图中可以看出该节点处立管的振幅较大，两个立管的尾流相互融合，形成了稳定的对称模式。图 8.6 展示了间距比 T/D=2，来流速度 U_0=0.6m/s 和时间 t=549 的双立管尾流模式。从图中看出，立管振动一段时间之后，立管的振动逐渐变得有规律，并趋于稳定，尾流模型也呈现一定的规则性。图 8.7

给出了间距比为 1.25，来流速度为 0.6m/s，时间 t =381 时，立管 $H=\frac{1}{3}L_r$ 和 $H=\frac{54}{55}L_r$ 处的双立管的涡量模式。可用看出，间距比较小时，在立管振幅较小的位置，尾流的模式为 2S；在振幅较大的位置，尾流模式振幅以 P+S 为主。

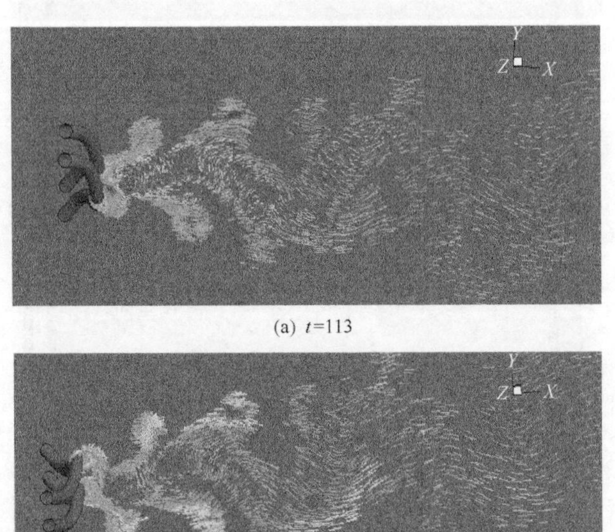

(b) t=151

图 8.5　双立管的三维振动图(T/D=2, U_0=0.6m/s, H=1/2 L_r)

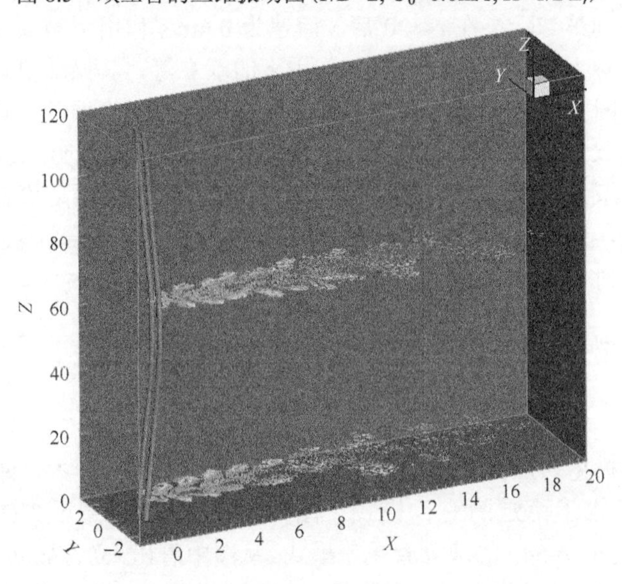

图 8.6　双立管的三维振动图(T/D=2, U_0=0.6m/s, t=549)

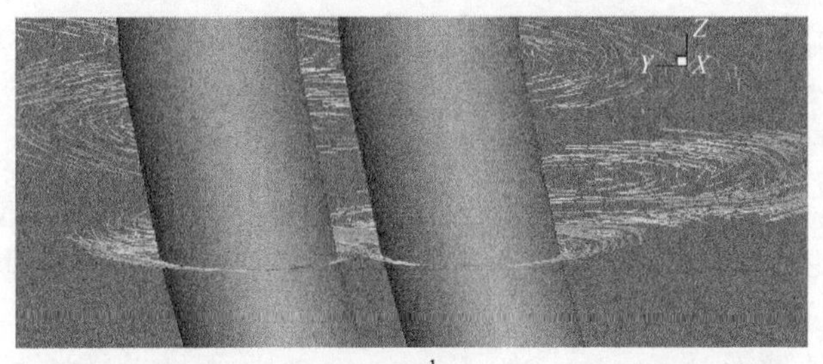

(a) $H=\frac{1}{3}L_r$

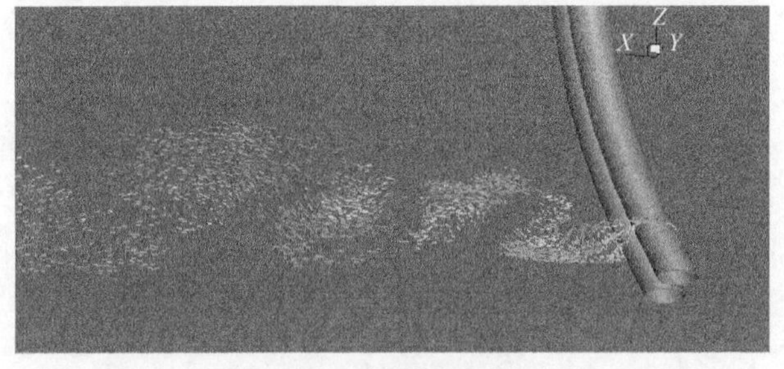

(b) $H=\frac{54}{55}L_r$

图 8.7　双立管的尾流模型(U_0=0.6m/s, T/D=1.25，t=381)

8.4.3　升力系数和功率谱特征

图 8.8 给出了间距比 T/D=3，来流速度 U=0.6m/s，立管 $H=1/2L_r$ 处两立管的升力系数时程图。从图中可看出，两立管的升力系数在 $0<t<10$ 时，由于间隙流的作用，使得两立管间隙内侧的表面压力大于外侧的压力，因而表现出两立管在该处的升力不同。随着时间的增加，两立管升力系数的趋势逐渐一致，幅值逐渐变小。这与上一节尾流的模态随时间逐渐稳定一致。

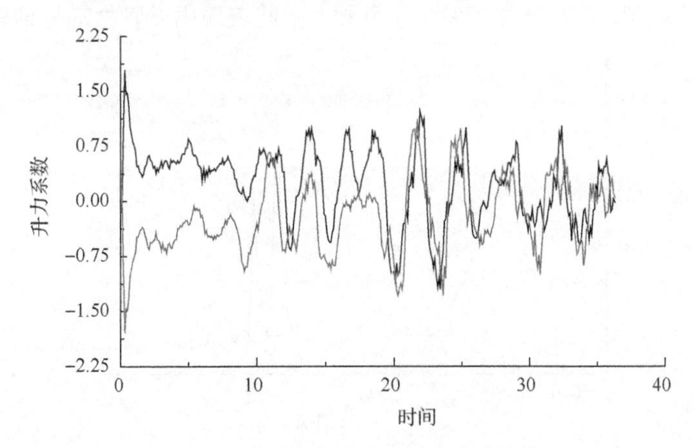

图 8.8　双立管升力系数时程图(T/D=3, U_0=0.6m/s, H=1/2 L_r)

图 8.9 给出了间距比 T/D=3，来流速度 U_0=0.6m/s，立管 H=1/2L_r 处，双立管的位移图。从图中可看出，在 0<t<10 时，双立管的振动主要是第一阶模态，并且振动的幅值较小。在 10<t<20 时，两个立管的升力趋于同步且同相，升力之间有较大差值，导致立管的振动的幅值仍然较小，双立管的振动模态为第三阶模态。当 t>20 之后，振动的幅值迅速增大，双立管的振动以第三阶模态为主，趋于稳定状态。这是因为 t>20 后，两立管该处的升力同相且同步，其合力的增大，导致立管的振幅增大。

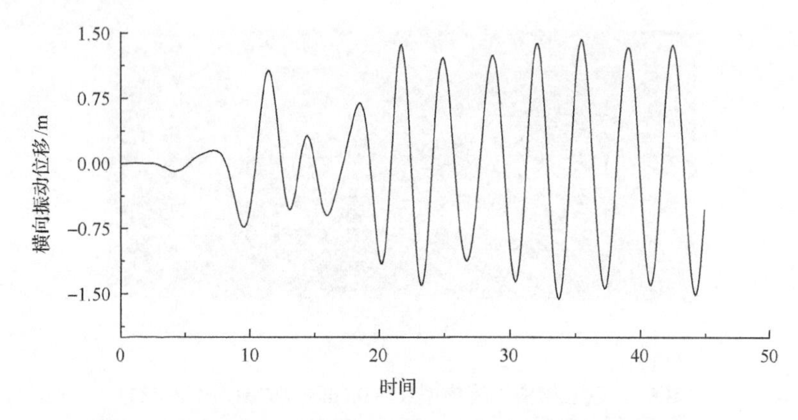

图 8.9　双立管的横向振动时程图(T/D=3, U_0=0.6m/s, H=1/2 L_r)

图 8.10 和图 8.11 分别给出间距比 T/D＝3，来流速度 U_0＝0.6m/s，立管 Z＝1/2L_r 处两个双立管的振动和升力系数的功率谱。由此可得到立管的振动频率和泄涡频率。从图中可以看出，振幅的功率谱仅有一个主要频率 f＝0.2895，而升力的功率谱中有两个频率 f＝0.2895，f＝0.3786。这与单立管振动特征有相似之处，在立管振幅较大的节点处，其振动为单频振动。其泄涡频率与单立管的泄涡频率也有相似之处，即立管耦合后，泄涡频率出现多频现象。同时双立管在此处的泄涡频率和立管振动频率相同，这说明，在此处立管发生了共振，由此表现出立管振动幅值较大的特点。

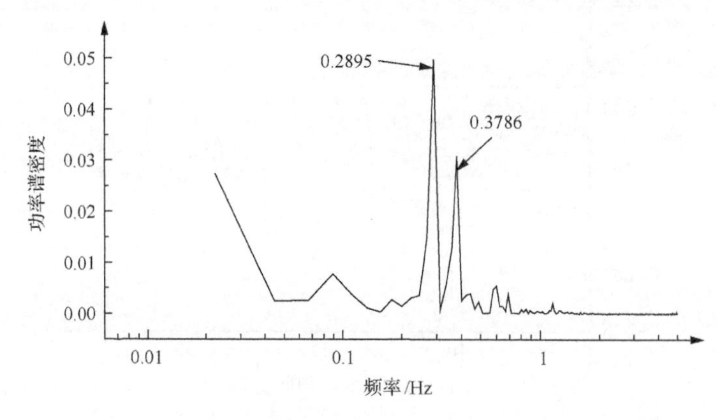

图 8.10　升力系数的功率谱(T/D=3, U_0=0.6m/s, H=1/2L_r)

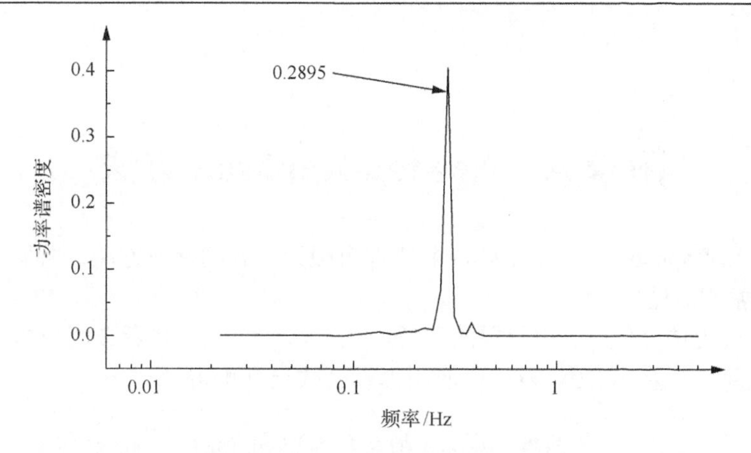

图 8.11　双立管振动的功率谱(T/D=3, U_0=0.6m/s, H=1/2L_r)

8.5　小　结

本章根据 IVCBC 涡方法建立的双圆柱绕流的计算模型，结合有限体积法，引入动刚度矩阵，建立双立管的数值计算模型，其数值原理与单立管的数值原理一致。由于在第 4 章和第 7 章分别证明了双圆柱绕流的计算模型和单立管数值计算模型的正确性和可靠性，由此表明，双立管的数值计算模型也具有可靠性[2]。

研究表明：

(1)若来流速度相同，则立管主要振型的阶数，随着间距比的增大而增加；振动的最大幅值，随着间距比的增大而减小。若间距比相同，立管主要振动模态的阶数和最大幅值，随着来流速度的增大而增加。

(2)在振幅较小的节点处，尾流的模态为 2S；在振幅较大的节点处，尾流模态以 P+S 为主；双立管的泄涡频率与单立管的泄涡频率也有相似之处，即立管耦合后，泄涡频率出现多频现象。在立管振动较大的位置，立管以单频振动为主。

参 考 文 献

[1] Loc T P, Bouard R. Numerical solution of the early stage of the unsteady viscous flow around a circular cylinder: A comparison with experimental visualization and measurements[J]. Journal of Fluid Mechanics, 1985, 160: 93-117.

[2] 庞建华, 宗智, 周力, 邹丽. 双立管的三维数据模型及研究[J]. 船舶力学(EI), 2016.

附录A Newton-Raphson 方法

Newton-Raphson 迭代法是解决非线性有限元问题的有效方法，也是求解数值方程组的常用方法之一。

假设 x_0 为估计值，r 为问题的真解，且 $r = x_0 + h$，h 代表真值与估计值之间的差值，为一小量。令 $0 = f(r)$，应用泰勒公式展开可得

$$f(r) = f(x_0 + h) \approx f(x_0) + hf'(x_0) \tag{A.1}$$

由式(A.1)可得

$$h \approx -\frac{f(x_0)}{f'(x_0)} \tag{A.2}$$

由此可得

$$r = x_0 + h \approx x_0 - \frac{f(x_0)}{f'(x_0)} \tag{A.3}$$

进一步把 x_1 作为 r 的估计值：

$$x_1 = x_0 - \frac{f(x_0)}{f'(x_0)} \tag{A.4}$$

再用同样的方法得到 r 的另一估计值 x_2：

$$x_2 = x_1 - \frac{f(x_1)}{f'(x_1)} \tag{A.5}$$

循环下去有

$$x_{n+1} = x_n - \frac{f(x_n)}{f'(x_n)} \tag{A.6}$$

Newton-Raphson 的物理意义如图 A.1 所示，曲线 $y = f(x)$ 与 x 轴交于 r。首先把 a 作为 r 的一个估计值，过 $(a, f(a))$ 点作切线，与 x 轴交于点 b，这条切线的方程可表示为

$$y = f(a) + (x - a)f'(a) \tag{A.7}$$

b 可表示为

$$b = a - \frac{f(a)}{f'(a)} \tag{A.8}$$

b 是 r 的一个估计值，同样过点 $(b, f(b))$ 作曲线的切线，与 x 轴交于 c，这样循环重复下去，便能逐渐逼近 r。

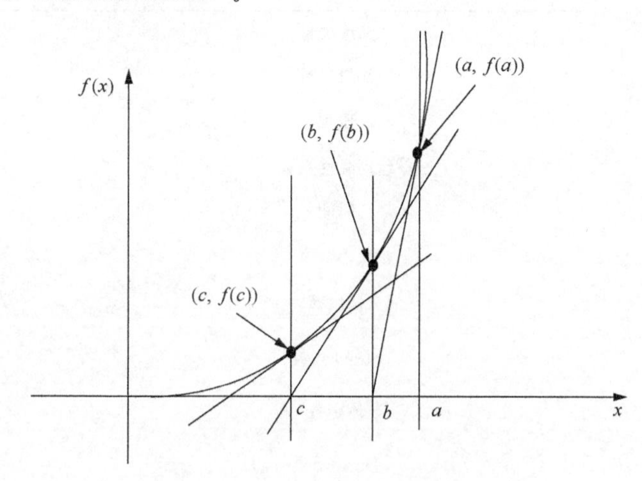

图 A.1　Newton-Raphson 的物理意义

附录B　主要符号表

符号	代表的意义	单位
$\boldsymbol{u}$	速度矢量	m/s
$\boldsymbol{\omega}$	涡量矢量	rad/s
p	压强	N/m^2
υ	运动黏性系数	kg/(m · s)
t	时间	s
ρ	流体密度	kg/m^3
Re	雷诺数	
St	Strouhal 数	
ψ	流函数	
$\delta(r)$	Dirac 函数	
$\boldsymbol{n}$	单位法向量	
Γ	环量	M^2/s
NW	窄尾流	
WW	宽尾流	
T/D	串并联双圆柱间距比	
U_v	速度分量	m/s
C_d	阻力系数	
C_l	升力系数	
C_{df}	脉动阻力系数	
C_{lf}	脉动升力系数	
C_p	表面压力	
C_{pf}	表面压力系数	
x,y	平面坐标	m
$(\boldsymbol{i},\boldsymbol{j},\boldsymbol{k})$	笛卡儿坐标的单位矢量	

续表

符号	代表的意义	单位
Δt	时间步长	s
$\boldsymbol{u}_B$	钝体的速度矢量	m/s
$\varepsilon(\phi)$	剪切层的厚度	m
$\boldsymbol{e}_{ni}$	物面法向矢量	
$\boldsymbol{e}_{si}$	物面切向矢量	
$\boldsymbol{F}$	单元内力矢量	N
$\boldsymbol{M}$	结构质量	N/m^2
$\boldsymbol{K}$	结构刚度	N/s
$\boldsymbol{C}$	结构阻尼	$N \cdot s/m^2$
$\boldsymbol{r}$	空间位置矢量	m
g	重力加速度	m/s^2